PARTAGE
DES TERRAINS

OU

GÉODÉSIE AGRAIRE

COMPRENANT

LES MÉTHODES NUMÉRIQUES ET GÉOMÉTRIQUES
simples, claires, rigoureuses
POUR DIVISER TOUTE ESPÈCE DE BIEN RURAL
ACCESSIBLE OU INACCESSIBLE

A L'USAGE DES GÉOMÈTRES-ARPENTEURS
ET DES INSTITUTEURS

PAR J. DECOUSU
Maître-Adjoint à l'École Normale de Châteauroux.

PARIS
LAROUSSE ET BOYER, LIBRAIRES-ÉDITEURS
49, RUE SAINT-ANDRÉ-DES-ARTS, 49

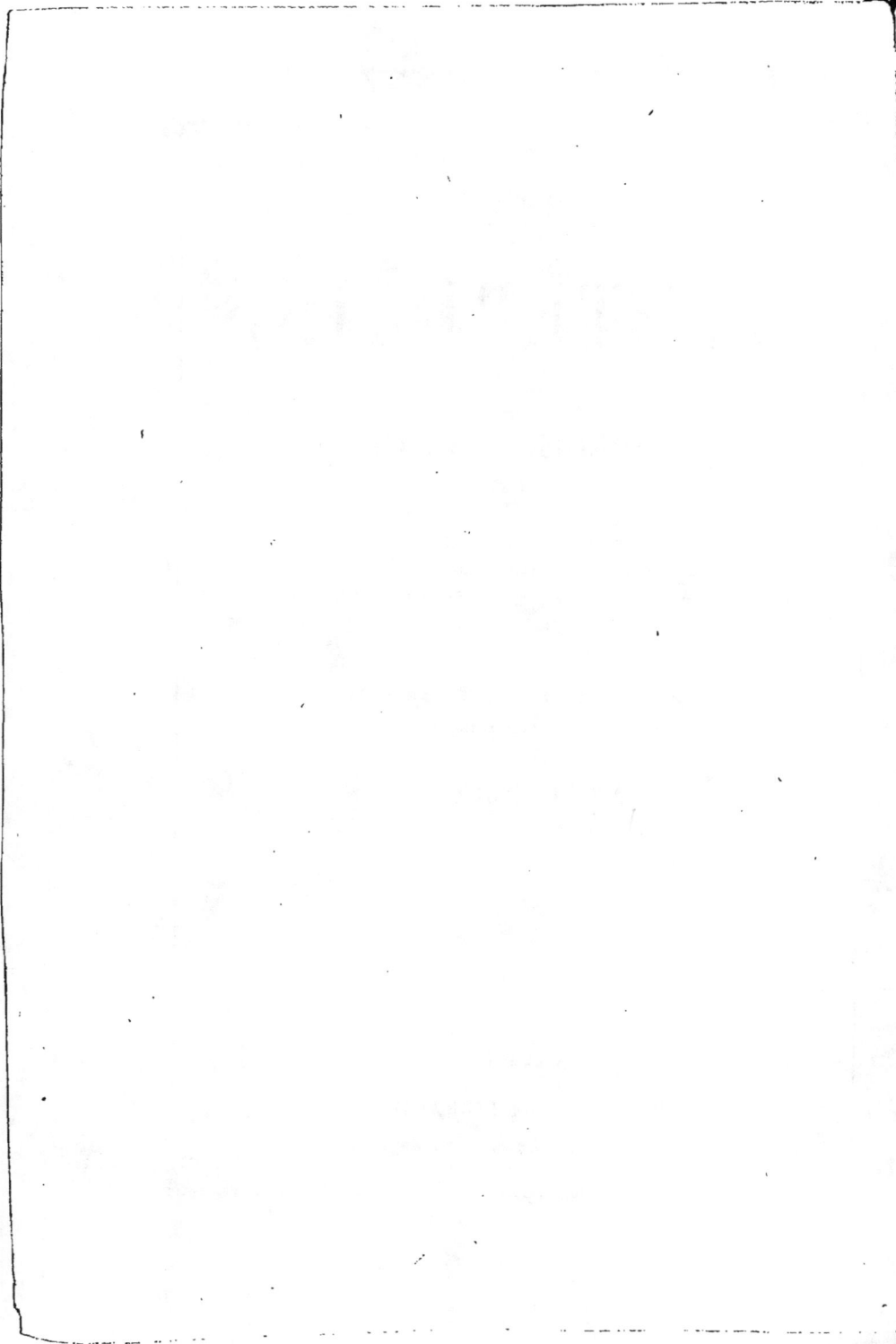

PARTAGE

DES TERRAINS

OUVRAGE DU MÊME AUTEUR

PRÉCIS DE GÉODÉSIE AGRAIRE, DE LEVÉ DES PLANS ET DE NIVELLEMENT, *franco*. 1 60

Écrire à M. Desousu.

(C.)

PARIS. — IMP. DE ÉDOUARD BLOT, RUE SAINT-LOUIS, 46.

PARTAGE
DES TERRAINS

OU

GÉODÉSIE AGRAIRE

COMPRENANT

LES MÉTHODES NUMÉRIQUES ET GÉOMÉTRIQUES

simples, claires, rigoureuses

POUR DIVISER TOUTE ESPÈCE DE BIEN RURAL

ACCESSIBLE OU INACCESSIBLE

A L'USAGE DES GÉOMÈTRES-ARPENTEURS

ET DES INSTITUTEURS

PAR J. DECOUSU

Maître-Adjoint à l'École Normale de Châteauroux.

PARIS

LAROUSSE ET BOYER, LIBRAIRES-ÉDITEURS

49, RUE SAINT-ANDRÉ-DES-ARTS, 49

1859

Chaque exemplaire est revêtu de la signature des Éditeurs.

Larousse & Boyer

INTRODUCTION

Le *Partage des terrains* est cette partie de l'Arpentage qui traite de la division des propriétés.

Le partage des terrains est sans contredit une opération délicate, car, indépendamment d'un travail géométrique où rien n'est arbitraire, il s'agit souvent de composer des lots en égalité de revenu net, après estimation du bon, du médiocre et du mauvais terrain.

Il n'entre pas dans notre cadre d'exposer ici l'ensemble des détails minutieux qu'un tel partage comporte, puisque nous nous proposons seulement l'*Étude des procédés géométriques qui permettent de décomposer les polygones accessibles et inaccessibles, en portions égales ou inégales, aboutissant à des points déterminés.*

Néanmoins, pour épargner à nos lecteurs de longues recherches dans le *Traité des Servitudes* de PARDESSUS, ou dans le *Répertoire général de Jurisprudence (Journal du Palais)*, nous résumerons, dans un appendice, les principales règles qu'un arpenteur doit connaître dès qu'il se charge de partager les successions.

La division des terrains peut se faire de deux manières :

1° En déduisant, par le calcul, les longueurs indispensables de celles données et mesurées ;

2° En levant d'abord le plan du terrain et en effectuant ensuite la division sur ce plan rapporté.

Ces deux méthodes, qu'on apelle *numérique* et *graphique*, sont admises en théorie. Mais la seconde ayant l'inconvénient de ne donner, dans la pratique, qu'une approximation très-médiocre, et souvent même insuffisante, à cause de l'imperfection des divers instruments dont elle exige l'emploi, nous diviserons les possessions champêtres par la méthode numérique, qui, seule, donne de la précision au travail, et permet à l'arpenteur de terminer l'opération avant de quitter le terrain.

Pour suivre nos démonstrations et s'approprier nos procédés, peu de Géométrie suffit, car, outre la mesure des surfaces triangulaires et polygonales qu'on a étudiée dans l'arpentage, nous n'utilisons que *la théorie des parallèles, l'égalité des triangles, les propriétés des côtés, angles et diagonales des parallélogrammes, les lignes proportionnelles, la similitude des triangles et les conséquences du théorème de Pythagore.*

Dans certains cas usuels, nous sommes obligé de calculer la surface d'un triangle en extrayant la *racine carrée du produit de quatre facteurs, dont l'un est le demi-périmètre* (moitié de la somme des trois côtés), *et les trois autres, les restes qu'on obtient en retranchant du demi-périmètre successivement chacun des côtés.*

Il n'est pas nécessaire que l'arpenteur puisse démontrer l'exactitude de cette opération, qu'on indique par la formule

$$S=\sqrt{p(p-a)(p-b)(p-c)},$$

où S représente la surface, p le demi-périmètre, a, b, c les trois côtés, et $p-a$, $p-b$, $p-c$ les restes sus-énoncés. Pourtant, s'il tient à connaître la marche suivie pour arriver à cette formule, nous le renverrons à l'appendice qui termine notre ouvrage. Il y trouvera deux démonstrations qu'il pourra lire avec fruit.

Enfin, par suite de la suppression des proportions dans les cours universitaires, nous devons envisager les fractions sous un point de vue particulier avec lequel on peut n'être pas entièrement familiarisé, bien qu'il ne présente aucune difficulté. Il importe donc d'exposer ici quelques propriétés générales des fractions ou rapports.

1. — *Lorsque deux rapports sont égaux, on peut mettre les dénominateurs à la place des numérateurs, et il y a encore égalité.*

Puisque $\frac{5}{9}=\frac{20}{36}$, il est évident qu'en divisant l'unité par chaque rapport il y aura encore égalité : donc on a

$$1:\frac{5}{9}=1:\frac{20}{36},$$

c'est-à dire, multipliant l'unité par la fraction diviseur renversée,

$$\frac{9}{5}=\frac{36}{20}.$$

2. — *Lorsque deux rapports sont égaux, on peut, sans troubler l'égalité, augmenter ou diminuer le numérateur de chaque rapport de son dénominateur.*

Soit
$$\frac{9}{7}=\frac{54}{42}.$$

Comme ces rapports restent égaux, après augmentation ou diminution d'une même quantité, on a

$$\frac{9}{7}\pm 1=\frac{54}{42}\pm 1.$$

Réduisant l'unité au même dénominateur que le rapport qu'elle accompagne, il vient

$$\frac{9}{7}\pm\frac{7}{7}=\frac{54}{42}\pm\frac{42}{42};$$

d'où l'on tire

$$\frac{9\pm 7}{7}=\frac{54\pm 42}{42}.$$

3. — *Étant donnés deux rapports égaux, on peut, sans troubler l'égalité, augmenter ou diminuer le dénominateur de chaque rapport de son numérateur.*

Soit
$$\frac{3}{4}=\frac{12}{16}.$$

D'après le n° 1, on a

$$\frac{4}{3}=\frac{16}{12}.$$

Or le n° 2 permet de transformer cette dernière égalité en la suivante,

$$\frac{4\pm 3}{3}=\frac{16\pm 12}{12};$$

donc, renversant de nouveau les rapports, on obtient

$$\frac{3}{4 \pm 3} = \frac{12}{16 \pm 12}.$$

4. — *Lorsque plusieurs rapports sont égaux, on peut former un rapport égal à chacun d'eux avec la somme des numérateurs et celle des dénominateurs.*

Soit $$\frac{2}{3} = \frac{6}{9} = \frac{18}{27} = \frac{36}{54}.$$

On a évidemment

$$2 = \frac{2}{3} \times 3,$$

$$6 = \frac{6}{9} \times 9 = \frac{2}{3} \times 9,$$

$$18 = \frac{18}{27} \times 27 = \frac{2}{3} \times 27,$$

$$36 = \frac{36}{54} \times 54 = \frac{2}{3} \times 54.$$

Ajoutant ces égalités membre à membre, il vient

$$2 + 6 + 18 + 36 = \frac{2}{3} \times 3 + \frac{2}{3} \times 9 + \frac{2}{3} \times 27 + \frac{2}{3} \times 54,$$

ou bien

$$2 + 6 + 18 + 36 = \frac{2}{3} \times (3 + 9 + 27 + 54).$$

De cette égalité on tire

$$\frac{2 + 6 + 18 + 36}{3 + 9 + 27 + 54} = \frac{2}{3}.$$

5\. — *Lorsque plusieurs rapports sont égaux, on peut former un rapport égal à chacun d'eux avec la différence des numérateurs et celle des dénominateurs.*

Soit
$$\frac{30}{32}=\frac{15}{16}.$$

On a évidemment
$$30=\frac{30}{32}\times 32$$

$$15=\frac{15}{16}\times 16=\frac{30}{32}\times 16.$$

Retranchant ces égalités membre à membre, il vient
$$30-15=\left(\frac{30}{32}\times 32\right)-\left(\frac{30}{32}\times 16\right),$$

ou bien
$$30-15=\frac{30}{32}\times(32-16).$$

De là on tire
$$\frac{30-15}{32-16}=\frac{30}{32}.$$

PARTAGE
DES TERRAINS

CHAPITRE PREMIER

DIVISION DES TRIANGLES

6. — *Diviser un triangle en parties proportionnelles à des nombres donnés par des droites tirées du sommet de l'un de ses angles.* (Fig. 1.)

Soit à diviser le triangle A C B en quatre parties proportionnelles aux nombres 3, 5, 7, 8, par des droites aboutissant au sommet C.

Chaînons le côté opposé A B, et partageons le nombre de mètres qu'il contient en quatre parties qui soient entre elles comme les nombres 3, 5, 7, 8.[1] Reportons ensuite

---

[1] La division d'une ligne en parties proportionnelles à des quantités données se fait aisément, car elle revient à une simple règle de *répartition proportionnelle*.

En effet, partager AB, ou sa valeur 108^{m},20, en quatre parties qui

les longueurs correspondantes à ceux-ci de A vers B, en D, E, F, et tirons les divisoires DC, EC, FC. Les triangles ACD, DCE, ECF, FCB, ayant même hauteur h, sont dans le même rapport que leurs bases, car on a

$$\frac{ACD}{DCE}=\frac{AD\times\frac{h}{2}}{DE\times\frac{h}{2}}=\frac{AD}{DE},$$

$$\frac{ACD}{ECF}=\frac{AD\times\frac{h}{2}}{EF\times\frac{h}{2}}=\frac{AD}{EF},$$

$$\frac{ACD}{FCB}=\frac{AD\times\frac{h}{2}}{FB\times\frac{h}{2}}=\frac{AD}{FB}.$$

Substituant les nombres 3, 5, 7, 8, aux segments de base AD, DE, EF, FB, on voit que les triangles ACD, DCE, ECF, FCB, sont dans le même rapport que ces nombres.

Donc, *on divise un triangle quelconque en parties proportionnelles à des quantités déterminées, en divisant la lon-*

soient entre elles comme les nombres 3, 5, 7, 8, c'est décomposer $108^m,20$ en quatre parties telles que la seconde, la troisième et la quatrième soient respectivement les $\frac{5}{3}$, les $\frac{7}{3}$ et les $\frac{8}{3}$ de la première. Or, celle-ci est les $\frac{3}{3}$ d'elle-même ; donc on peut dire, en faisant la somme des parties, les $\frac{3}{3}$ + les $\frac{5}{3}$ + les $\frac{7}{3}$ + les $\frac{8}{3}$ de la première, c'est-à-dire les

$\frac{23}{3}$ de la première. . . . . $= 108^m,20,$

$\frac{1}{3}$ — . . . . $= \frac{108^m,20}{23},$

$\frac{3}{3}$ ou la première. . . . . $= \frac{108^m,20\times 3}{23}.$

gueur d'un côté proportionnellement à ces quantités, et en joignant les points de division au sommet opposé.

Application. — Supposons que l'on ait $AB = 108^m,20$. La somme des nombres 3, 5, 7, 8 étant 23, on a évidemment

$$AD = \frac{108^m,20 \times 3}{23} = 14^m,11,$$

$$DE = \frac{108^m,20 \times 5}{23} = 23^m,52,$$

$$EF = \frac{180^m,20 \times 7}{23} = 32^m,93,$$

$$FB = \frac{108^m,20 \times 8}{23} = 37^m,64.$$

Corollaire. — Si les parts doivent être équivalentes, il faudra diviser la base A B en segments égaux et joindre leurs extrémités au sommet C.

La deuxième partie étant les $\frac{5}{3}$ de la première, sera exprimée par :

$$\frac{108^m,20 \times 3}{23} \times \frac{5}{3} = \frac{108^m,20 \times 5}{23},$$

la 3e par...... $\frac{108^m,20 \times 3}{23} \times \frac{7}{3} = \frac{108^m,20 \times 7}{23}$,

et la 4e par.... $\frac{108^m,20 \times 3}{23} \times \frac{8}{3} = \frac{108^m,20 \times 8}{23}$.

La suppression du facteur 3 au numérateur et au dénominateur de toutes les fractions, permet de conclure que *chaque partie s'obtient en multipliant le rapport constant entre la ligne à diviser et la somme des nombres donnés par chacun des nombres donnés.*

Pour plus de détails, voyez l'excellente *Arithmétique* de M. Ritt, inspecteur général de l'instruction primaire.

Remarque. — On voit qu'il est possible d'effectuer la division d'un triangle en parties égales ou proportionnelles sans en connaître la surface. Cependant, si les intéressés au partage conviennent de garantir leurs droits respectifs par un acte sous seing privé qui relate le nombre d'ares et de centiares dont ils doivent jouir, on ne pourra se dispenser d'arpenter le triangle, afin de spécifier la grandeur réelle de chaque portion.

7. — *Diviser un triangle en quatre parties équivalentes par des droites issues des angles* A *et* B. (Fig. 2.)

Mesurons AE, et portons le quart de cette ligne de E vers A, en D et en C. Tirons ensuite BC et BD. Les triangles CBD, DBE ayant même hauteur et des bases égales, sont équivalents (*Corollaire du n°* 6) : ils forment donc les deux premières parts.

Comme le triangle restant ABC contient encore deux parts, on en prendra la moitié en tirant une ligne AF du sommet A au milieu de la base BC.

Application. — Ayant chaîné AE, que nous supposons de 60^{m}, et porté 15^{m}, quart de cette ligne, de E en D et de D en C, on plantera des bornes dans l'alignement AE, aux points D et C; puis on mesurera CB. Si l'on trouve que CB contienne 53^{m},20, on déterminera la borne F en portant la moitié de 53^{m},20 dans la direction BC, de B en F.

8. — *Partager un champ-triangle entre trois héritiers, de manière que les parts forment trois triangles équivalents, ayant pour bases les côtés du triangle, et pour sommet commun un point situé dans l'intérieur.* (Fig. 3.)

Divisons l'un des côtés, AC, par exemple, en trois

parties égales, et tirons BD, BE, qui déterminent trois triangles équivalents (*Corollaire du n° 6*). Par les points D, E, menons DO parallèlement à BA, et EO parallèlement à BC. Le point de rencontre O[1] sera le point demandé.

En effet, les triangles ABD, ABO ont même base AB et même hauteur : donc ils sont équivalents, et ABO est le tiers du triangle ABC.

Pareillement BOC = BEC, c'est-à-dire le tiers de ABC. Il suit de là que le triangle AOC, différence entre ABC et ses deux tiers, est la troisième partie.

Application. — Supposons que AC = 250^{m}. Le tiers de cette ligne étant porté de C vers A, en E et en D, on mènera DO parallèlement à AB, et EO parallèlement à CB, afin de déterminer le point demandé O.

Remarque. — Sur le terrain, on trace facilement des parallèles à une droite avec l'équerre d'arpenteur. Pour cela, on abaisse sur AB la perpendiculaire DF, et l'on revient en D mener une droite DO qui fasse avec la précédente un angle droit; la ligne DO est alors parallèle à AB, puisque *deux droites situées dans un même plan et perpendiculaires à une troisième sont parallèles entre elles.*

La ligne EO s'obtiendra d'une manière analogue à l'aide d'une perpendiculaire abaissée du point E sur BC.

Observation. — Le procédé que nous venons d'indi-

---

[1] Ainsi qu'il sera dit au n° 15, où se trouve la solution générale de ce problème, le point O coïncide avec le point d'intersection de deux droites tirées du sommet de deux angles du triangle, au milieu du côté opposé.

quer étant général et commode, sera fréquemment employé dans la pratique. Dorénavant nous nous dispenserons de le rappeler, lorsqu'il s'agira de tracer des parallèles à une droite par des points pris hors de cette droite.

9. — *Partager un triangle en plusieurs parties équivalentes par des droites menées d'un point pris sur son périmètre.* (Fig. 4.)

Soit O le point donné et trois le nombre de parties qu'on désire obtenir.

Tirons CO et partageons BD en trois segments égaux BL, LI, ID ; conduisons LF, IE parallèlement à CO, et menons les lignes OF, OE, qui seront les divisoires demandées.

En effet, BFO=BCL, tiers de BCD, car ces triangles ont une partie commune BFL, et les triangles complémentaires LFC et LOF sont équivalents, comme ayant même base LF et leurs sommets sur une parallèle à cette base : donc BFO est le tiers du triangle BCD.

On démontrera de la même manière que OED équivaut à ICD, et que le quadrilatère CFOE est la troisième partie.

Application. — On divisera BD en trois parties égales, et on effectuera le partage d'après les indications précédentes.

1re Remarque. — Si le triangle BCD est inaccessible, et qu'on n'aperçoive point le sommet C du point O, on ne procédera au partage qu'après avoir calculé la surface S du triangle.

Deux moyens se présentent pour évaluer cette surface :

On peut 1° mesurer les trois côtés BC, CD, BD et employer la formule page 3 ; ou 2° prendre BD pour base, élever à BD la perpendiculaire DA, et abaisser sur cette dernière la perpendiculaire CA : la ligne DA sera égale à la hauteur CK, puisque les parallèles CA et BD sont équidistantes.

La surface S connue, on en prendra le tiers et on cherchera, en dehors du triangle, comme nous venons de le faire, la longueur des perpendiculaires abaissées du point O sur BC et DC. Ces perpendiculaires sont ici BJ et HD. Divisant $\frac{S}{3}$ par $\frac{BJ}{2}$ et par $\frac{HD}{2}$, on aura les bases BF et DE des triangles partiels BFO, OED.

2° Remarque. — On opèrera d'une manière analogue pour un nombre *n* de parties equivalentes.

10. — ***Diviser un triangle* ABE *en trois parties égales, à partir des points* C *et* D. (Fig. 5.)**

Dans les cas précédents, nous n'avons point subordonné le mode de division à un arpentage préalable du terrain ; mais ici, comme dans la plupart des opérations suivantes, il importe de connaître la surface S du triangle ABE, et de choisir, pour cela, une base telle que les lignes chaînées pour évaluer la surface servent aussi à calculer la longueur de celles dont on a besoin pour le partage.

A cet effet, on jalonnera le triangle en A, C, B, D, E, et on abaissera sur AE les perpendiculaires DI, BG, CJ, dont la trace sera indiquée, sur le terrain, par des jalons en I, G, J ; puis on mesurera les segments de base

AJ, JG, GI, IE et la hauteur BG, ce qui permettra d'obtenir la surface S.

On déterminera ensuite la longueur des perpendiculaires CJ et DI, d'après les propriétés des côtés *homologues des triangles semblables*.

Les triangles ACJ, ABG étant équiangles entre eux, donnent

$$\frac{CJ}{BG} = \frac{AJ}{AG},$$

d'où l'on tire $$CJ = \frac{AJ \times BG}{AG}.$$

La similitude des triangles EDI, EBG fournit aussi

$$\frac{DI}{BG} = \frac{EI}{EG},$$

d'où l'on déduit $$DI = \frac{EI \times BG}{EG}.$$

Les perpendiculaires CJ et DI étant ainsi connues, on divisera $\frac{S}{3}$, valeur de chaque partie, par $\frac{CJ}{2}$ et $\frac{DI}{2}$, afin de connaître les bases AF et HE des triangles ACF, HDE. Les quotients respectifs seront portés de A en F, de E en H, et le triangle ABE sera divisé conformément à l'énoncé.

Application. — Soit $BG = 98^m$, $AJ = 25^m$, $JG = 10^m$, $GI = 46^m$ et $IE = 111^m$.

La base du triangle ABE sera $25^m + 10^m + 46^m + 111^m = 192^m$, et la surface,

$$\frac{192^m \times 98^m}{2} = 9408^{mc}.$$

$$\text{Comme } CJ = \frac{AJ \times BG}{AG} = \frac{25^m \times 98^m}{25^m + 10^m} = 68^m,05,$$

$$\text{et que} \qquad DI = \frac{EI \times BG}{EG} = \frac{111^m \times 98^m}{111^m + 46^m} = 69^m,28,$$

on divisera $\frac{9408^{mc}}{3}$ par $\frac{68^m,05}{2}$ et par $\frac{69^m,28}{2}$, ce qui donnera les bases des triangles partiels ACF et HDE.

Effectuant les divisions, on trouve que $AF = 92^m 17$, et HE, $90^m,53$.

1re REMARQUE. — Si le terrain proposé est un bois ou une plantation quelconque qui ne permette pas d'abaisser et de mesurer les perpendiculaires CJ, BG, DI, on agira comme dans le problème précédent pour déterminer la longueur de ces perpendiculaires.

Dans le cas d'un marais humide ayant çà et là quelques flaques d'eau, la vue ne sera point arrêtée par des obstacles naturels ; on pourra donc indiquer les pieds J, G, I des perpendiculaires CJ, BG, DI, mesurer AJ, JG, GI, IE, ainsi que AC, CB, DE, et recourir au théorème de Pythagore pour obtenir les hauteurs CJ, BG et DI.

Nous laissons au lecteur le choix du procédé qu'il affectionne le plus et dont il se sert dans l'arpentage proprement dit.

2e REMARQUE. — S'il arrivait qu'en divisant $\frac{S}{3}$ par la moitié des perpendiculaires abaissées des points C et D (*fig.* 6), la somme des quotients fût supérieure à la base AE, il faudrait retrancher l'un des quotients, EH, par exemple, de AE, afin de pouvoir calculer la surface du triangle ACH, qui alors serait plus petit que $\frac{S}{3}$. On abaisserait ensuite une perpendiculaire CP sur la première ligne séparative DH, et l'on diviserait $\frac{S}{3}$ — ACH, c'est-à-dire la surface du triangle CRH qui nous manque, par $\frac{CP}{2}$. Le quotient, ou la base HR, serait porté de H vers D, en R.

11. — *Diviser le triangle* ADG *en trois parties équivalentes à partir des points* B *et* C *pris sur le côté* AD. (Fig. 7.)

Comme plus haut, je détermine les pieds H, E, F des perpendiculaires BH, CE, DF. La dernière seule étant utile pour l'évaluation de la surface S, je la chaîne, ainsi que les segments de base AH, HE, EF, FG, et je calcule BH et CE.

Les triangles semblables ABH, ACE, ADF donnent les égalités suivantes :

$$\frac{BH}{DF}=\frac{AH}{AF}, \quad \frac{CE}{DF}=\frac{AE}{AF};$$

d'où l'on tire

$$BH=\frac{AH \times DF}{AF}, \quad CE=\frac{AE \times DF}{AF}.$$

Puisque la première portion doit aboutir en B, elle a évidemment la forme d'un triangle, dont BH est la hauteur; donc en divisant $\frac{S}{3}$ par $\frac{BH}{2}$, j'obtiendrai la base AJ, que je porterai, sur le terrain, de A vers G, jusqu'en J, et le triangle ABJ sera la première partie.

Pour la deuxième, j'observe qu'en la réunissant à la

première, je forme un triangle ACI, dont CE est la hauteur. Donc en divisant $\frac{2S}{3}$, valeur des deux premières portions, par $\frac{CE}{2}$, j'aurai la base AJ; l'excès JI de cette base sur AJ sera porté de J vers G jusqu'en I, et le quadrilatère JBCI, différence des triangles ACI et ABJ, sera la deuxième partie.

Il est visible que la troisième se compose du quadrilatère restant ICDG.

Application. — Admettons que l'on ait $DF = 99^m$, $AH = 71^m$ $HE = 29^m$, $EF = 23^m$, et $FG = 22^m$.

La surface du triangle ADG sera

$$\frac{(71^m + 29^m + 23^m + 22^m) \times 99^m}{2} = 7177^{mc},50,$$

de sorte que chaque portion contiendra $\frac{7177^{mc},50}{3}$ ou $2392^{mc},50$.

Substituant aux lignes qui expriment BH et CE les valeurs que nous leur attribuons, nous aurons :

$$BH = \frac{AH \times DF}{AF} = \frac{71^m \times 99^m}{71^m + 29^m + 23^m} = 57^m,14,$$

$$CE = \frac{AE \times DF}{AF} = \frac{(71^m + 29^m) \times 99^m}{71^m + 29^m + 23} = 80^m,48.$$

Les hauteurs BH et CE des triangles ABJ, ACI étant connues, on déterminera les bases AJ et AI en divisant $2392^{mc},50$ par $\frac{57^m,14}{2}$, et le double de $2392^{mc},50$, c'est-à-dire 4785^{mc}, par $\frac{80^m,48}{2}$.

Remarque. — Pour ce problème et quelques autres assez simples par eux-mêmes, nous nous dispenserons de traiter d'une manière spéciale l'inaccessibilité du terrain, vu qu'elle n'entraîne d'autre modification dans la marche suivie que celle relative à la détermination des hauteurs des triangles partiels d'après des procédés connus.

Observation. — La méthode que nous venons d'employer est loin d'être générale, car les points B et C peuvent être placés sur AD de manière qu'il soit impossible d'établir les portions dans la direction de l'un des côtés DG. Mais le géomètre aura bientôt levé cette difficulté, en appliquant un principe dont nous avons déjà fait usage, et qui a pour but de *trouver la base d'un triangle dont on connaît la surface et la hauteur.*

12. Soit, pour premier exemple, le triangle ACD (Fig. 8.)

L'éloignement des points B et K permettant d'entrevoir, lors de la formation du croquis, l'inutilité de la perpendiculaire abaissée du point K sur AD ou son prolongement, on marquera, par des jalons, les pieds H et E des perpendiculaires BH et CE, qu'on chaînera ainsi que la base AD.

Cela fait, on évaluera la surface S du triangle ACD, et celle du triangle ABD. Cette dernière surface étant trouvée plus petite que $\frac{S}{3}$, sera complétée en prenant dans le triangle BCD un triangle DBF d'une contenance égale à $\frac{S}{3}$ — ABD. Comme la hauteur BL du triangle BDF ne peut être déduite de la combinaison des lignes connues, on abaissera sur DC prolongée et on chaînera la perpendiculaire BL, par la moitié de laquelle on divisera

DBF, afin d'avoir la base BF. On portera ensuite le quotient de D vers C, en F, et le quadralitère ABFD sera la première part.

Pour la suivante, on abaissera du point K la perpendiculaire KJ, et on divisera $\frac{S}{3}$ par $\frac{KJ}{2}$: le quotient, porté de B vers F jusqu'en I, donnera le triangle BKI pour la deuxième part.

La troisième sera le quadrilatère restant IKCF.

Application. — Soit AD = 98^m, BH = $23^m,50$ et CE = 100^m. La surface du triangle ACD est $\frac{98^m \times 100^m}{2} = 4900^{mc}$, et celle de chaque portion, $\frac{4900^{mc}}{3}$ ou $1633^{mc},33$.

Le triangle ABD ne contenant que $1151^{mc},50$, doit être augmenté de $1633^{mc},33 - 1151^{mc},50$, ou de $481^{mc},83$. Divisons donc ce dernier nombre par la moitié de la perpendiculaire BL, que nous supposons de 62^m; le quotient 15^m 54, porté sur DC, do D en F, permettra de tracer la divisoire BF, qui limite la première part.

Mesurant ensuite la perpendiculaire KJ, qui égale, par exemple, 58^m, on n'aura plus qu'à diviser $1633^{mc},33$ par la moitié de 58^m, et à porter le quotient $58^m,36$ sur BF, de B en I.

Observation. — Bien que généralement nous déduisions les longueurs inconnues de celles mesurées pour évaluer la surface à partager, nous avons jugé convenable de nous écarter de nos habitudes, dans le cas actuel, en chaînant la perpendiculaire BH. La raison de cette préférence est facile à saisir, car pour déterminer BH par la comparaison des triangles semblables ABH, ACE, il était indispensable de mesurer la ligne DE et de coter AH sur le croquis, ce qui eût pris plus de temps que le chaînage de BH.

13. Autre exemple. (Fig. 9.)

Soit encore un triangle ABD à diviser en trois portions égales à partir des points P et V.

La proximité des points donnés, et leur position vers le milieu de AB, indiquant suffisamment la direction des lignes séparatives PG, VF, on abaissera sur AD les perpendiculaires PH, BC, et sur BD, la perpendiculaire VE. Ensuite on chaînera VE, BC, PH, ainsi que la base AD, et l'on évaluera la surface S du triangle ABD, dont le tiers sera divisé par $\frac{PH}{2}$ et $\frac{VE}{2}$. Les quotients représentant les bases AG, BF des triangles APG, BVF, qui forment les deux premières portions, seront reportés, le premier, de A vers D, en G, et le second, de B vers D, en F.

La troisième portion se composera du pentagone PVFDG, qui équivaut à $S - \frac{2S}{3}$.

Application. — Supposons qu'on ait $AD = 121^m$, $PH = 44^m$, $BC = 105^m$, et $VE = 42^m,50$.

Comme la surface du triangle ABD égale $\frac{105^m \times 121^m}{2} = 6352^{mc},50$, on divisera $2117^{mc},50$, tiers de $6352^{mc},50$, par $\frac{44^m}{2}$ et par $\frac{42^m,50}{2}$, afin de connaître AG et BF.

Effectuant, on trouve que $AG = 96^m,25$, et BF, $99^m,64$.

14. — *Diviser le triangle* ABC *en trois parties équivalentes de manière que chacune d'elles aboutisse à un puits commun ou à une fontaine située en* O. (Fig. 10.)

La base AB et la hauteur CI du triangle ABC étant mesurées, et la surface S calculée, on abaissera sur chacun des côtés les perpendiculaires OG, OH, OD et on en cotera la longueur sur le croquis. Ensuite on évaluera la surface du triangle ABO, qu'on trouvera plus petite que $\frac{S}{3}$; on la complétera en y ajoutant celle du triangle OBF, qui égale $\frac{S}{3}$ — ABO. Divisant la surface du triangle OBF par la moitié de la perpendiculaire OH, on aura la base BF, qu'on portera de B vers C, en F, et le quadrilatère ABFO sera la première part.

Pour obtenir la deuxième, on divisera $\frac{S}{3}$ par $\frac{DO}{2}$, et on portera le quotient de A vers C, en E, afin de limiter le triangle AOE, qui sera la deuxième part.

La troisième se composera du quadrilatère EOFC.

Application. — Soit $AB = 145^m$, $CI = 88^m$, $OG = 23^m$, $OH = 36^m$, et $OD = 39^m$.

On a :

$$S = \frac{145^m \times 88^m}{2} = 6380^{mc},$$

et

$$\frac{S}{3} = \frac{6380^{mc}}{3} = 2126^{mc},66.$$

La surface du triangle ABO étant $\frac{145^m \times 23^m}{2}$ ou $1667^{mc},50$, il est visible que le triangle OBF contiendra $2126^{mc},66 - 1667^{mc},50$, c'est-à-dire $459^{mc},16$. Divisant donc $459^{mc},16$ par 18^m, moitié de OH, le quotient $25^m,50$ représentera BF.

Quant à la base AE du triangle partiel AOE, on l'obtiendra en divisant $2126^{mc},66$ par $\frac{39}{—}$.

15. — ***Diviser le triangle*** ABC ***en trois parties proportionnelles aux nombres*** m, n, p, ***au moyen de lignes menées des sommets à un même point intérieur*** O. (Fig. 11.

Supposons le problème résolu, et les lignes séparatives prolongées respectivement jusqu'en D, E, F.

D'après l'énoncé, on a

$$\frac{COB}{ABO} = \frac{m}{n} \qquad (1)$$

et

$$\frac{ABO}{AOC} = \frac{n}{p}.$$

On a de plus

$$\frac{DBC}{ABD} = \frac{DC}{AD}, \qquad (2)$$

$$\frac{DOC}{AOD} = \frac{DC}{AD};$$

car les triangles qui ont même hauteur sont dans le même rapport que leurs bases.

A cause du rapport commun $\frac{DC}{AD}$, on peut écrire

$$\frac{DBC}{ABD} = \frac{DOC}{AOD}.$$

Mais les différences des numérateurs et des dénominateurs de rapports égaux formant un rapport égal à chacun d'eux (*n*° 5), on tire de cette égalité

$$\frac{DBC - DOC}{ABD - AOD} = \frac{DBC}{ABD},$$

ou

$$\frac{COB}{ABO} = \frac{DBC}{ABD}. \qquad (3)$$

Comparant maintenant les égalités (1), (2), (3), qui sont liées entre elles par un rapport commun, il vient

$$\frac{COB}{ABO} = \frac{DC}{AD} = \frac{m}{n},$$

d'où l'on tire d'abord, d'après le n° 3,

$$\frac{DC}{AD+DC}=\frac{m}{n+m},$$

puis $$DC=\frac{m(AD+DC)}{n+m}=\frac{m\times AC}{n+m}.$$

Cette dernière égalité montre que DC *équivaut à une fraction ayant pour dénominateur la somme des nombres* n *et* m *situés à gauche et à droite de* BD, *et pour numérateur le côté* AC *multiplié par le nombre* m, *qui correspond à* DC.

On prouvera de la même manière que le point F sera déterminé par l'égalité

$$\frac{ABO}{AOC}=\frac{BF}{FC}=\frac{n}{p},$$

d'où l'on déduit enfin, après réduction,

$$BF=\frac{n\times BC}{p+n}.$$

La distance DC étant reportée de C en D, et celle BF, de B en F, on tracera les lignes DB, FA, et l'on joindra leur point de concours O au sommet C, afin de limiter les triangles ABO, AOC, COB, qui composent les parties demandées.

Application. — Supposons AC $=127^m$, BC $=111^m$, $m=6$, $n=4$, et $p=5$.

Puisqu'il s'agit de déterminer la longueur de DC et de BF, on a d'après les formules précédentes :

$$DC=\frac{6\times 127^m}{4+6}=76^m,$$

$$BF=\frac{4\times 111^m}{5+4}=49^m,33.$$

Corollaire. — Si les trois parties doivent être équivalentes, les nombres donnés seront égaux ; alors les formules ci-dessus deviendront

$$DC = \frac{AC}{2}, \qquad BF = \frac{BC}{2},$$

de sorte que les points D et F diviseront les côtés AC et CB en deux segments égaux.

On voit, d'après cela, que le problème résolu d'une manière spéciale au n° 8 n'est qu'un cas particulier de celui-ci.

16. Autre solution. — Soit S la surface du triangle ABC.

Partageons cette surface en trois parties proportionnelles à m, n, p. Les surfaces des triangles OBC, ABO, AOC étant ainsi connues, mesurons deux côtés du triangle ABC, AC et BC, par exemple, et divisons AOC par $\frac{AC}{2}$, et OBC par $\frac{BC}{2}$. Les quotients, que nous nommons H et H', représenteront les hauteurs des triangles AOC, OBC. Il ne reste donc plus qu'à fixer le point O sur le terrain, pour que le partage réponde à la condition imposée.

Pour cela, menons à AC une perpendiculaire $CK = H$, et à BC une perpendiculaire $BG = H'$; traçons ensuite KO parallèlement à AC, et GO parallèlement à BC : le point de rencontre O sera le point demandé, puisque, par construction, il est éloigné des lignes AC et BC des quantités H et H'.

Application. — Supposons encore $AC = 127^m$, $BC = 111^m$,

$n=4$, $m=6$, $p=5$, et, de plus, la perpendiculaire abaissée du sommet **B** sur la base **AC**, égale à 100^m.

La surface du triangle **ABC** est :

$$\frac{127^m \times 100^m}{2} = 6350^{mc}.$$

Partageant cette surface proportionnellement aux nombres 4, 6, 5, qui correspondent aux triangles ABO, OBC, AOC, on obtient (note du n° 6) :

$$ABO = \frac{6350^{mc} \times 4}{4+6+5} = 1693^{mc},33,$$

$$OBC = \frac{6350^{mc} \times 6}{4+6+5} = 2540^{mc},$$

$$AOC = \frac{6350^{mc} \times 5}{4+6+5} = 2116^{mc},67.$$

Donc $$BG = OBC : \frac{BC}{2} = \frac{2540^{mc}}{55^m,5} = 45^m,75,$$

$$CK = AOC : \frac{AC}{2} = \frac{2116^{mc},67}{63^m,5} = 33^m,33.$$

17. — *Diviser le triangle* ABC *en deux parties proportionnelles aux nombres* m *et* n, *au moyen d'une parallèle au côté* AC. (Fig. 12.)

Soit DE la parallèle cherchée, et BG la hauteur du triangle ABC.

D'après l'énoncé, on doit avoir

$$\frac{DBE}{ADEC} = \frac{m}{n}.$$

Or, l'égalité entre rapports égaux subsistant encore après augmentation des dénominateurs de leurs numérateurs respectifs (n° 3), on peut poser

$$\frac{DBE}{DBE + ADEC} = \frac{m}{m+n},$$

c'est-à-dire, $$\frac{DBE}{ABC} = \frac{m}{m+n}, \qquad (1)$$

car le triangle $ABC = DBE + ADEC$.

D'un autre côté, les triangles DBE et ABC sont semblables; donc leurs surfaces sont entre elles comme les carrés des hauteurs, et on a

$$\frac{\overline{BF}^2}{\overline{BG}^2} = \frac{DBE}{ABC},$$

Comparant cette égalité à l'egalité (1), on obtient

$$\frac{\overline{BF}^2}{\overline{BG}^2} = \frac{m}{m+n},$$

d'où l'on tire

$$BF = \sqrt{\frac{m \times \overline{BG}^2}{m+n}}. \qquad (a)$$

Cette formule indique que pour obtenir la valeur de l'inconnue BF, il faut *extraire la racine carrée d'une fraction, dont le numérateur égale le carré de la hauteur du triangle multiplié par le nombre donné correspondant à l'inconnue, et le dénominateur, la somme des nombres donnés.*

La hauteur BF étant trouvée, on la reportera, sur le terrain, de B vers G, en F, et l'on élèvera à BF la perpendiculaire DE, qui sera parallèle à AC.

Application. — Supposons $BG = 104^m$, $m = 9$, et n 8. La formule ci-dessus donnera

$$BF = \sqrt{\frac{9 \times 104^2}{9+8}} = \sqrt{\frac{9 \times 10816}{17}} = 75^m,67.$$

Remarque. Si m égalait n, le triangle ABC serait alors

divisé en deux parties équivalentes, et la formule (*a*) deviendrait

$$BF = \sqrt{\frac{1 \times \overline{BG}^2}{1+1}} = \sqrt{\frac{\overline{BG}^2}{2}}.$$

Ainsi, lorsqu'il s'agit de diviser un triangle quelconque en deux parties équivalentes par une ligne parallèle à la base, *on obtient la distance de cette parallèle au sommet opposé en extrayant la racine carrée de la moitié du carré de la hauteur du triangle.*

Application. — Supposant BG = 104^m, on a

$$BF = \sqrt{\frac{104^2}{2}} = \sqrt{5408} = 73^m{,}51.$$

18. — *Diviser le triangle* ABC *en quatre parties équivalentes par des lignes parallèles au côté* AC. (Fig. 13.)

Soit S la surface du triangle ABC et h sa hauteur BD.

Les divisoires EF, GH, IJ du croquis étant supposées parallèles à AC, sont nécessairement perpendiculaires à la hauteur DB, de sorte que si nous déterminons leurs distances respectives DK, KL, LM, nous opèrerons facilement, sur le terrain, la séparation des parcelles.

Les triangles ABC, EBF étant semblables, et leurs surfaces proportionnelles au carré de leur hauteur, on peut écrire

$$\frac{\overline{BK}^2}{\overline{DB}^2} = \frac{EBF}{ABC}.$$

Mais comme $\overline{DB}^2 = h^2$, et que le triangle EBF

doit être les $\frac{3}{4}$ du triangle ABC, cette égalité revient à

$$\frac{\overline{BK}^2}{h^2}=\frac{3\times ABC}{4\times ABC}=\frac{3}{4};$$

d'où l'on tire

$$BK=\sqrt{\frac{3h^2}{4}}.$$

Retranchant maintenant BK de BD, on aura DK, ou la hauteur du trapèze AEFC, qui forme la première partie.

Pour obtenir la hauteur KL de la deuxième, on posera l'égalité suivante, qui résulte de la similitude des triangles GBH, ABC,

$$\frac{\overline{BL}^2}{\overline{BD}^2}=\frac{GBH}{ABC}.$$

Remplaçant $\overline{BD}^2$ et GBH par leur valeur et réduisant on a

$$\frac{\overline{BL}^2}{h^2}=\frac{1}{2},$$

d'où l'on déduit

$$BL=\sqrt{\frac{h^2}{2}}.$$

Par suite $\qquad AL=KB-BL.$

Cherchant enfin LM, qu'on trouvera égale à $\sqrt{\frac{h^2}{4}}$, il ne restera plus qu'à se transporter le long de DB pour reporter les longueurs DK, KL, LM, et à indiquer les points K, L, M, où l'on élèvera les perpendiculaires EF, GH, IJ, pour limiter les parties demandées.

Application. — Supposons BD = 126m.

D'après les formules relatives aux distances des divisoires au sommet B du triangle ABC, on a

$$BK = \sqrt{\frac{3 \times 126^2}{4}} = \sqrt{11907} = 109^m,11,$$

$$BL = \sqrt{\frac{126^2}{2}} = \sqrt{7938} = 89^m,15,$$

$$BM = \sqrt{\frac{126^2}{4}} = \sqrt{3969} = 63^m,23.$$

Par conséquent

$$DK = 126^m - 109^m,11 = 16^m,89,$$

$$KL = 109^m,11 - 89^m,15 = 19^m,96,$$

$$LM = 89^m,15 - 63^m,23 = 25^m,92.$$

19. — *Décomposer en portions égales une coupe de taillis de forme triangulaire.* (Fig. 14.)

Soit ABC le triangle donné, p son demi-périmètre et n le nombre de portions.

Comme il est inaccessible dans son intérieur, on ne peut directement obtenir la hauteur DB et la surface S, indispensables pour la division. Mais les coupes de taillis étant toujours, à l'époque de la vente, séparées de la futaie adjacente par une *laie*[1] quelconque, on pourra évidemment chaîner les côtés AB, BC, CA et calculer S. Celle-ci est d'ailleurs égale à la racine

---

[1] Petite route établie dans un bois aménagé, et sur laquelle les coupes et les portions aboutissent. La laie principale, beaucoup plus large que les autres, porte le nom de *laie sommière* ou simplement de *sommière*.

carrée du produit $p\ (p - AC)\ (p - AB)\ (p - BC)$, où p représente le demi-périmètre.

Cela posé, on déterminera :

1° La hauteur DB du triangle, en divisant S par la moitié de AC;

2° Les bases AD, DC des triangles rectangles ABD, DBC, qui, d'après le théorème de Pythagore, donnent

$$AD = \sqrt{\overline{AB}^2 - \overline{DB}^2},$$

$$DC = \sqrt{\overline{BC}^2 - \overline{DB}^2};$$ [1]

3° Les surfaces m et m' des triangles ABD, DBC, dont on aura les bases AD, DC et la hauteur commune DB.

Ensuite on tracera, sur le croquis, les *filets* ou *brisées* [2] EL, FM, GQ,... qui doivent être parallèles entre elles et perpendiculaires à la *sommière* AC, et on recherchera les hauteurs AE, EF, FG,... des n portions de bois, en suivant une marche analogue à celle du n° 18.

Les brisées à gauche de DB forment des triangles semblables à ABD, lequel contient, outre un certain nombre de portions, probablement un reste $JNBD < \frac{S}{n}$; on peut donc écrire :

$$\frac{ALE}{ABD} = \frac{\overline{AE}^2}{\overline{AD}^2}, \quad \frac{AMF}{ABD} = \frac{\overline{AF}^2}{\overline{AD}^2}, \quad \frac{AQG}{ABD} = \frac{\overline{AG}^2}{\overline{AD}^2}, \quad \text{etc.}$$

---

[1] Il suffit de connaître AD pour obtenir DC, qui égale AC — AD. Néanmoins, il sera bon de s'assurer, au début de l'opération, si les valeurs de AD et de DC se vérifient à l'aide de la ligne AC.

[2] Étroites ouvertures faites dans un bois pour jalonner et donner

Mais les portions étant égales, par hypothèse, et ALE, AMF, AQG, égalant $\frac{S}{n}$, $\frac{2S}{n}$, $\frac{3S}{n}$, ces rapports reviennent aux suivants :

$$\frac{S}{n \times m} = \frac{\overline{AE}^2}{\overline{AD}^2}, \quad \frac{2S}{n \times m} = \frac{\overline{AF}^2}{\overline{AD}^2}, \quad \frac{3S}{n \times m} = \frac{\overline{AG}^2}{\overline{AD}^2}, \quad \text{etc.,}$$

d'où l'on tire

$$AE = \sqrt{\frac{S \times \overline{AD}^2}{n \times m}},$$

$$AF = \sqrt{\frac{2S \times \overline{AD}^2}{n \times m}},$$

$$AG = \sqrt{\frac{3S \times \overline{AD}^2}{n \times m}}.$$

Ces formules, traduites en langage ordinaire pour les divisoires à gauche de BD, montrent que la distance de celles-ci au point A s'obtient en *extrayant la racine carrée d'une fraction dont le dénominateur est invariablement le produit de ABD par le nombre de portions, et le numérateur, le carré du segment AD multiplié par la surface S, puis par le nombre abstrait marquant le rang de cette divisoire à partir du point A.*

Les distances AE, AF, AG,.... étant obtenues, on aura, par de simples soustractions, celles EF, FG,.... et JD.

Quant à CK, KP et PD, hauteur du trapèze DBOP

---

passage aux porte-chaîne et aux marchands. — Dans les forêts du gouvernement, ces brisées n'ont pas moins d'un mètre de largeur, mais les particuliers ne leur donnent guère plus de 40 centimètres.

qui complète le trapèze JNBD, on les déterminera comme plus haut en comparant les triangles semblables formés par les brisées parallèles KR, PO, DB.

Enfin, on reportera, sur le terrain, le résultat général des calculs, de A vers C, en E, F, G, H, I, J, P, K ; on *plantera des piquets à ces points*, et on indiquera la trace des brisées perpendiculaires EL, FM, GQ,.... que le garde doit ouvrir après l'opération. Pour ce dernier *travail, on placera un jalon dans la direction de chacune* d'elles, à huit ou dix mètres de AC, en visant au travers de la basse futaie.

Application. — Admettons que l'on ait
$AB = 219^m$, $AC = 262^m$, $BC = 146^m$, et $n = 9$ portions.

Il en résultera

$$S = \sqrt{313^m,5 \times (313^m,5 - 219^m) \times (313^m,5 - 146^m) \times (313^m,5 - 262)}$$

$$= \sqrt{313^m,5 \times 94^m,5 \times 167^m,5 \times 51^m,5} = 15986^{mc},21;$$

$$\frac{S}{9} = \frac{15986^{mc},21}{9} = 1776^{mc},24;$$

$$BD = S : \frac{AC}{2} = 15986^{mc},21 : \frac{262}{2} = 122^m,032;$$

$$DC = \sqrt{\overline{BC}^2 - \overline{DB}^2} = \sqrt{146^2 - 122^m,032^2} = 80^m,15;$$

$$AD = \sqrt{\overline{AB}^2 - \overline{DB}^2} = \sqrt{219^2 - 122^m,032^2} = 181^m,85;$$

$$ABD \text{ ou } m = \frac{181^m,85 \times 122^m,032}{2} = 11095^{mc},76;$$

$$DBC \text{ ou } m' = \frac{80^m,15 \times 122^m,032}{2} = 4890^{mc},44.$$

Calculant AE, AF, AG, ... AJ, CK, CP, on trouve, d'après la règle générale précitée,

$$AE = \sqrt{\frac{15986^{mc},21 \times 181^m,85^2}{9 \times 11095^{mc},76}} = 72^m,76:$$

$$AF = \sqrt{\frac{2 \times 15986^{mc},21 \times 181^{m},85^2}{9 \times 11095^{mc},76}} = 102^{m},89\,;$$

. . . .

$$AJ = \sqrt{\frac{6 \times 15986^{mc},21 \times 181^{m},85^2}{9 \times 11095^{mc},76}} = 178^{m},21\,;$$

$$KC = \sqrt{\frac{15986^{mc},21 \times 80^{m},15^2}{9 \times 4890^{mc},40}} = 48^{m}.30\,;$$

$$PC = \sqrt{\frac{2 \times 15986^{mc},21 \times 80^{m},15^2}{9 \times 4890^{mc},40}} = 68^{m},31.$$

Il suit de là que

$$EF = AF - AE = 102^{m},89 - 72^{m},76 = 30^{m},13,$$

. . . .

$$JP = AC - (AJ + PC) = 262^{m} - (178^{m},21 + 68^{m},31$$
$$= 262^{m} - 246^{m},52 = 15^{m},48\,;$$

$$PK = PC - KC = 68^{m},31 - 48^{m},30 = 20^{m},01.$$

Nota. — Ces calculs ne sont longs qu'en apparence, car on obtient AF, AG, AH, etc., en multipliant la valeur de AE par $\sqrt{2}$, $\sqrt{3}$, $\sqrt{4}$, etc. Pareillement PC = KC ou $68^{m},31 \times \sqrt{2}$. — Au besoin on emploiera les logarithmes.

Remarque. — On pourrait encore décomposer le triangle ABC en parcelles équivalentes, ou ayant entre elles des rapports donnés, par des lignes parallèles au côté BC. La comparaison des triangles semblables suffirait, en effet, pour obtenir les extrémités des lignes divisoires le long de AB ; mais il est préférable d'opérer comme ci-dessus, surtout quand il s'agit de subdiviser les coupes de bois pour une vente publique.

CHAPITRE II

DIVISION DES QUADRILATÈRES

---

§ I. — Division du Parallélogramme, du Carré et du Rectangle.

Il existe bien peu de possessions champêtres qui soient des carrés, des rectangles ou des parallélogrammes. Néanmoins, comme on peut en former à volonté dans l'intérieur d'une grande pièce de terre, pour les besoins de certaines cultures sarclées, ou dans un bois aménagé, nous allons dire un mot de leur division, qui ne présente d'ailleurs aucune difficulté.

20. — *Diviser le parallélogramme* ABCD *en quatre parties proportionnelles aux nombres* a, b, c, d. (Fig. 15.)

Partageons numériquement l'une des bases, BC, par exemple, en quatres parties proportionnelles aux nombres *a*, *b*, *c*, *d*, et reportons le résultat de nos calculs de B vers C, en E, F, G, et de A vers D, en H, I, J ; puis tirons EH, FI, GJ : les parallélogrammmes partiels ABEH, HEFI, IFGJ, JGCD, ayant même hauteur, sont entre eux comme leurs bases, c'est-à-dire dans le rapport des nombres *a*, *b*, *c*, *d* ; ils forment donc les parties demandées.

Application. — Soit BC $=150^m$, $a=3$, $b=2$, $c=4$ et $d=6$. Suivant les règles ordinaires de la répartition proportionnelle, on a

$$BE = \frac{150^m \times 3}{3+2+4+6} = 30^m,$$

$$EF = \frac{150^m \times 2}{3+2+4+6} = 20^m,$$

$$FG = \frac{150^m \times 4}{3+2+4+6} = 40^m,$$

$$GC = \frac{150^m \times 6}{3+2+4+6} = 60^m.$$

Corollaire I. — Le rectangle et le carré étant des parallélogrammes, se décomposeront pareillement en parties proportionnelles à des quantités déterminées.

Corollaire II. — Si les parts doivent être équivalentes, il faudra tout simplement diviser les côtés parallèles en un même nombre de parties égales et joindre les points de divisions de même rang.

Remarque. — Si AB et BC ont approximativement la même étendue et qu'on demande un nombre pair de parties égales, on pourra d'abord décomposer la figure en deux parallélogrammes équivalents en joignant les milieux des côtés BA et DC, puis chacun des nouveaux parallélogrammes obtenus, en autant de parties qu'il sera nécessaire. De cette manière les portions seront plus régulières et les labours rendus plus faciles, ce qu'il ne faut jamais perdre de vue.

21. — *Diviser le parallélogramme* ABCD *en cinq parties équivalentes par des droites tracées des points* E, F, G, H *pris sur le côté* BC. (Fig. 16.)

Supposons le problème résolu.

Les trapèzes ABEI, IEFJ, JFGK, KGHL, LHCD, ayant même hauteur, doivent nécessairement avoir pour somme de leurs bases le cinquième de BC + AD, ou du double de BC. Par conséquent, si de $\frac{BC + AD}{5}$ on retranche les longueurs BE, EF, FG, GH, HC, les restes des soustractions représenteront les bases AI, IJ, JK, KL, LD.

Donc pour déterminer les bases inconnues des trapèzes ABEI, IEFJ, JFGK, KGHL, LHCD, *il faut soustraire du cinquième de la somme des bases* BC, AD, *les segments* BE, EF, FG, GH, HC, *préalablement mesurés, et reporter les restes correspondant à chacun d'eux, de* A *vers* D, *en* I, J, K, L.

Application. — Soit $BC = 155^m$, $BE = 20^m$, $EF = 41^m$, $FG = 26^m$, $GH = 36^m$, et $HC = 32^m$.

On a évidemment

$$\frac{BC + AD}{5} = \frac{155^m \times 2}{5} = 62^m,$$

$$AI = 62^m - 20^m = 42^m,$$

$$IJ = 62^m - 41^m = 21^m,$$

$$JK = 62^m - 26^m = 36^m,$$

$$KL = 62^m - 36^m = 26^m,$$

$$LD = 62^m - 32^m = 30^m.$$

Corollaire. — Le même mode de division s'appliquera au carré et au rectangle.

Comme il serait contraire au bon sens de décomposer ces figures en parcelles aboutissant à un point situé sur un côté ou dans l'intérieur, nous passerons immédiatement au partage des trapèzes.

§ II. — Division du Trapèze.

22. — *Diviser le trapèze* ABCD *en trois parties proportionnelles aux nombres* 5, 6, 7, *par des droites qui coupent les deux bases.* (Fig. 17.)

Mesurons les bases AB, DC; divisons-les proportionnellement aux nombres 5, 6, 7; reportons les longueurs résultantes de A vers B, en E, F, puis de D vers C, en G, H, et tirons les divisoires GE, HF : les trapèzes partiels DAEG, GEFH et HFBC seront les trapèzes demandés.

Pour nous en convaincre, observons d'abord que ces trapèzes ayant même hauteur sont entre eux comme les sommes de leurs bases. Si donc nous prouvons que ces sommes de bases sont dans le même rapport que les nombres 5, 6, 7, tout sera démontré.

D'après la manière dont AB et DC ont été divisées, on a

$$AE + DG = \frac{5}{18} \times AB + \frac{5}{18} \times DC = \frac{5}{18}(AB + DC),$$

$$EF + GH = \frac{6}{18} \times AB + \frac{6}{18} \times DC = \frac{6}{18}(AB + DC),$$

$$FB + HC = \frac{7}{18} \times AB + \frac{7}{18} \times DC = \frac{7}{18}(AB + DC),$$

Divisant ces égalités membre à membre, il vient

$$\frac{AE + DG}{EF + GH} = \frac{\frac{5}{18} \times (AB + DC)}{\frac{6}{18} \times (AB + DC)} = \frac{5}{6},$$

$$\frac{AE + DG}{FB + HC} = \frac{\frac{5}{18} \times (AB + DC)}{\frac{7}{18} \times (AB + DC)} = \frac{5}{7}:$$

Donc les sommes des bases des trapèzes partiels sont dans le rapport des nombres 5, 6, 7; donc les trapèzes eux-mêmes sont dans le rapport de ces nombres; donc enfin *on divise un trapèze quelconque en parties proportionnelles à des nombres déterminés, en partageant les bases proportionnellement à ces nombres, et en joignant les points de division correspondants.*

Application. — Supposons que l'on ait $AB = 140^m$ et $DC = 240^m$.

Comme il s'agit de diviser ces bases proportionnellement aux nombres 5, 6, 7, on a

$$AE = \frac{140^m \times 5}{5 + 6 + 7} = 38^m,89,$$

$$EF = \frac{140^m \times 6}{5 + 6 + 7} = 46^m,67,$$

$$FE = \frac{140^m \times 7}{5 + 6 + 7} = 54^m,44,$$

$$DG = \frac{240^m \times 5}{5 + 6 + 7} = 66^m,67,$$

$$GH = \frac{240^m \times 6}{5 + 6 + 7} = 80^m,$$

$$HC = \frac{240^m \times 7}{5 + 6 + 7} = 93^m,33.$$

23. — *Diviser un trapèze quelconque en cinq parties égales.*

Ayant mesuré les bases, on les divisera en cinq parties égales, et on joindra les points de division correspondants : les trapèzes obtenus seront équivalents, comme ayant même hauteur et les mêmes sommes de bases.

24. — *Diviser le trapèze* ABCD *en cinq parties équivalentes, à partir des points* E, F, G, H, *pris arbitrairement sur la base* BC. (Fig. 18.)

Les trapèzes partiels devant être équivalents et ayant même hauteur, ont des sommes de bases équivalentes. Par conséquent, si de $\frac{AD + BC}{5}$ on retranche successivement les longueurs BE, EF, FG, GH, HC, on déterminera les bases inconnues AI, IJ, JK, KL, LD, qu'on reportera de A vers D, en I, J, K, L.

Application. — Supposons que l'on ait BC = 134ᵐ, AD = 198ᵐ, BE = 18ᵐ, EF = 27ᵐ, FG = 28ᵐ,50, GH = 40ᵐ et HC = 20ᵐ,50.

Il en résultera :

$$\frac{BC + AD}{5} = \frac{134^m + 198^m}{5} = 66^m,40,$$

$$AI = 66^m,40 - 18^m = 48^m,40,$$

$$IJ = 66^m,40 - 27^m = 39^m,40,$$

$$JK = 66^m,40 - 28^m,50 = 37^m,90,$$

$$KL = 66^m,40 - 40^m = 26^m,40,$$

$$LD = 66^m,40 - 20^m,50 = 45^m,90.$$

Remarque. — La ligne MN, qui joint les milieux des

côtés non parallèles, a la propriété de représenter la demi-somme des bases du trapèze ABCD et des trapèzes partiels. En conséquence, si on la divise en cinq parties égales et qu'on joigne chacun des points de division aux points correspondants de BC, on aura déterminé la direction des divisoires, qu'il restera à prolonger jusqu'en I, J, K, L.

25. — *Diviser un trapèze en six parties équivalentes par des lignes parallèles à l'un des côtés adjacents aux bases.* (Fig. 19.)

Soit S la surface du trapèze ABCD, arpenté en chaînant les bases AD, BC et la hauteur CO.

Proposons-nous de le décomposer parallèlement à BA.

Les portions à établir étant des parallélogrammes, à l'exception des dernières, il est clair qu'en divisant $\frac{S}{6}$, valeur de l'une d'elles, par CO, on aura la base p des parallélogrammes ABEI, IEFJ, JFGK, KGHL, dont le nombre est d'ailleurs égal au quotient de la division de BC par p. Figurons ces parallélogrammes sur le croquis, ainsi que la cinquième divisoire PN ; menons aussi MC parallèlement à BA ou à HL, et calculons la surface du parallélogramme LHCM, afin de déterminer celle du triangle MCD.

Comme HC égale $BC - BH = BC - 4p$, on voit qu'en multipliant HC par CO, on aura la surface du parallélogramme LHCM. Retranchant LHCM du trapèze LHCD, qui contient évidemment deux portions ou $\frac{2S}{6}$, on connaîtra l'étendue du triangle MCD. Or, celui-ci est semblable au triangle PND; donc on peut écrire :

$$\frac{\overline{PD}^2}{\overline{MD}^2} = \frac{PND}{MCD},$$

d'où l'on déduit

$$PD = \sqrt{\frac{PND \times \overline{MD}^2}{MCD}}.$$

La ligne PD étant connue, on cherchera LP, qui égale AD diminuée de PD + AL, c'est-à-dire de PD + 4*p*, puis on se transportera sur les bases BC et et AD pour reporter la longueur *p* de B vers C, en E, F, G, H, et de A vers D, en I, J, K, L. On achèvera le problème en plaçant LP à la suite du point L, et en menant à LH une parallèle PN.

Application. — Soit BC = 122^m, AD = 212^m et CO = 104^m.

On aura

$$MD = 212^m - 122 = 90^m,$$

$$S = \frac{(122^m + 212^m) \times 104^m}{2} = 17368^{mc},$$

$$\frac{S}{6} = \frac{17368^{mc}}{6} = 2894^{mc},66.$$

Par suite, les bases BE, EF, FG, GH des quatre parallélogrammes égaleront

$$\frac{2894^{mc},66}{104^m} = 27^m,833,$$

et HC,

$$122^m - (27^m,833 \times 4) = 10^m,668.$$

Multipliant 10^m,668 par la hauteur 104^m, on obtiendra 1109^{mc},47 pour la surface du parallélogramme LHCM, de sorte qu'en retranchant $1109^{mc},47$ de $\frac{2S}{6}$, ou de $5789^{mc},32$, on aura $4679^{mc},85$, c'est-à-dire la surface du triangle MCD.

On pourra donc poser

$$PD = \sqrt{\frac{2894^{mc},66 \times (212 - 122)^2}{4679^{mc},85}} = 70^m,78,$$

et déterminer LP, qui équivaut à

$$212^m - [(27^m,833 \times 4) + 70^m,78] = 29^m,87.$$

Remarque. — Sans rien changer aux calculs précédents, on pourrait ne déterminer que les points E, F, G, H et P, par lesquels on mènerait avec l'équerre des parallèles au côté BA.

26. — *Diviser le trapèze ABCD en sept parties équivalentes par des lignes perpendiculaires aux bases.* (Fig. 20.)

Soit S la surface du trapèze, calculée après avoir mesuré les segments ED, AE, la hauteur BE et la base BC.

Figurons, sur le croquis, les divisions OF, LG, MH, NI, JK, RS et cherchons à déterminer AO, OL, LM, MN, NJ et JR.

Le triangle ABE étant plus petit que $\frac{S}{7}$, valeur de chaque partie, doit être complété par une bande rectangulaire EBFO d'une surface égale à $\frac{S}{7}$ — ABE ; donc si l'on divise $\frac{S}{7}$ — ABE par BE, on aura EO, et partant AO, base de la première partie ABFO.

Les 2e, 3e et 4e partie sont des rectangles équivalents à $\frac{S}{7}$; par conséquent leurs bases OL, LM et MN égalent le quotient de $\frac{S}{7}$ par BE.

Pour obtenir les autres inconnues, c'est-à-dire NJ et JR, on abaissera sur AB la perpendiculaire CP; on évaluera le rectangle NICP, dont la base NP = EP — EN = BC — (EO + 3 × OL); on retranchera NICP du trapèze NICD (lequel contient encore trois parties ou $\frac{3S}{7}$), et on comparera le reste, ou le triangle PCD, aux triangles RSD, JKD, qui, lui étant semblables, donnent

$$\frac{\overline{JD}^2}{\overline{PD}^2} = \frac{JKD}{PCD},$$

$$\frac{\overline{RD}^2}{\overline{PD}^2} = \frac{RSD}{PCD};$$

on tire de là

$$JD = \sqrt{\frac{JKD \times \overline{PD}^2}{PCD}},$$

$$RD = \sqrt{\frac{RSD \times \overline{PD}^2}{PCD}}.$$

Comme PD = ED — EP, et que PJ = PD — JD, on a NJ = NP + PJ. Connaissant aussi JR, qui égale JD — RD, on peut maintenant reporter sur le terrain les distances AO, OL, LM, MN, NJ, JR, de J vers D, en O, L, M, N, J, R, et élever les perpendiculaires OF, LG, MH, NI, JK, RS, qui sont les divisoires demandées.

Application — Supposons que l'on ait BC = 108m, BE = 104m, AE = 22m et ED = 228m.

On trouve successivement :

$$S = \frac{(22 + 228^m + 108^m) \times 104^m}{2} = 18616^{mc};$$

$$\frac{S}{7} = \frac{18616^{mc}}{7} = 2659^{mc},43;$$

$$ABE = \frac{104^m \times 22}{2} = 1144^{mc};$$

$$EBFO = \frac{S}{7} - ABE = 2659^{mc},43 - 1144^{mc} = 1515^{mc},43;$$

$$EO = \frac{EBFO}{BE} = \frac{1515^{mc},43}{104^m} = 14^m,57;$$

$$OL = \frac{S}{7} : BE = \frac{2659^{mc},43}{104^m} = 25^m,57;$$

$$NP = BC - [EO + (3 \times OL)] = 108^m - [14^m57 + (3 \times 25^m,57)] = 16^m,72;$$

$$NICP = 16^m,72 \times 104^m = 1738^{mc},88;$$

$$PD = ED - BC = 228^m - 108^m = 120^m.$$

Comme la surface du triangle PCD revient à $\frac{3S}{7} - NICP$, ou à $(2659^{mc},43 \times 3) - 1738^{mc},88 = 6239^{mc},41$, et que les surfaces des triangles JKD, RSD sont déterminées par l'hypothèse, on a

$$JD = \sqrt{\frac{2 \times 2659^{mc},43 \times 120^2}{6239^{mc},41}} = 110^m,78,$$

$$RD = \sqrt{\frac{2659^{mc},43 \times 120^2}{6239^{mc},41}} = 78^m,34.$$

De là on tire

$$JR = JD - RD = 110^m,78 - 78^m,34 = 32^m,44,$$
$$PJ = PD - JD = 120^m - 110^m,78 = 9^m,22,$$
$$NJ = NP + PJ = 16^m,72 + 9^m,22 = 25^m,94.$$

1re REMARQUE. — Dans tout cas analogue, si le triangle ABE est trouvé plus grand que $\frac{S}{7}$, et qu'il contienne plusieurs parties avec un excédant trapéziforme attenant à BE, on en détachera d'abord les parties qu'il pourra renfermer, en calculant, comme plus haut, la distance des divisoires au point A ; ensuite on évaluera le trapèze dont BE sera l'une des bases, et on le complètera par une bande rectangulaire prise à droite de BE, ce qui rendra l'opération identique à la précédente.

2e Remarque. — Si aucune des lignes séparatives ne rencontre les côtés AB et CD, on opèrera plus simplement la division en joignant le milieu de ceux-ci par la droite qui représente la demi-somme des bases (*Remarque du n° 24*). On partagera ensuite cette droite en un certain nombre de parties égales, et on mènera des perpendiculaires aux bases par les points de division, afin de limiter les trapèzes demandés.

27. — *Diviser le trapèze* AEFB, *dont on connaît l'aire et les bases, en deux parties proportionnelles aux nombres* m *et* n, *par une ligne* CD *parallèle aux bases.* (Fig. 21.)

Le problème étant supposé résolu, cherchons à déterminer la longueur de la divisoire CD, afin de calculer la hauteur de l'un des trapèzes partiels.

Pour cela, prolongeons les côtés non parallèles jusqu'à leur rencontre en O.

La similitude des triangles AOB, EOF, COD donne

$$\frac{AOB}{EOF}=\frac{\overline{AB}^2}{\overline{EF}^2}, \qquad \frac{COD}{EOF}=\frac{\overline{CD}^2}{\overline{EF}^2},$$

ou, diminuant le numérateur de chaque rapport de son dénominateur (n° 2),

$$\frac{AOB-EOF}{EOF}=\frac{\overline{AB}^2-\overline{EF}^2}{\overline{EF}^2}, \quad \frac{COD-EOF}{EOF}=\frac{\overline{CD}^2-\overline{EF}^2}{\overline{EF}^2}.$$

Divisant de part et d'autre par $\overline{AB}^2 - \overline{EF}^2$, puis multipliant par EOF, pour la première égalité, et faisant des transformations analogues pour la seconde, on obtient

$$\frac{AOB - EOF}{\overline{AB}^2 - \overline{EF}^2} = \frac{EOF}{\overline{EF}^2}, \qquad \frac{COD - EOF}{\overline{CD}^2 - \overline{EF}^2} = \frac{EOF}{\overline{EF}^2},$$

La comparaison de ces deux égalités permet d'écrire

$$\frac{AOB - EOF}{\overline{AB}^2 - \overline{EF}^2} = \frac{COD - EOF}{\overline{CD}^2 - \overline{EF}^2},$$

d'où l'on déduit

$$\frac{AOB - EOF}{COD - EOF} \text{ ou } \frac{AEFD}{CEFD} = \frac{\overline{AB}^2 - \overline{EF}^2}{\overline{CD}^2 - \overline{EF}^2}. \qquad (1)$$

L'énoncé fournit d'ailleurs

$$\frac{ACDB}{CEFD} = \frac{m}{n},$$

ou, augmentant le numérateur de chaque rapport de son dénominateur (n° 2),

$$\frac{AEFB}{CEFD} = \frac{m + n}{n}. \qquad (2)$$

Les premiers membres des égalités (1) et (2) étant égaux, on a

$$\frac{\overline{AB}^2 - \overline{EF}^2}{\overline{CD}^2 - \overline{EF}^2} = \frac{m + n}{n},$$

ou, faisant disparaître les dénominateurs,

$$(\overline{CD}^2 - \overline{EF}^2)(m + n) = (\overline{AB}^2 - \overline{EF}^2)\, n,$$

Effectuant les produits des quantités mises entre parenthèses et réduisant, il vient

$$\overline{CD}^2 (m + n) = m \times \overline{EF}^2 + n \times \overline{AB}^2;$$

d'où l'on tire enfin

$$CD = \sqrt{\frac{m \times \overline{EF}^2 + n \times \overline{AB}^2}{m + n}}. \qquad (a)$$

La divisoire CD est donc égale à la *racine carrée d'une fraction, ayant pour dénominateur la somme des nombres donnés, et pour numérateur, la somme des produits obtenus en multipliant le carré de chaque base par celui des nombres qui correspond à la base opposée.*

La divisoire CD étant connue, on partagera numériquement la surface du trapèze AEFB en deux parties proportionnelles aux nombres m et n; ensuite on divisera la surface du trapèze ACDB par $\frac{CD + AB}{2}$, et on portera le quotient sur une perpendiculaire quelconque GH, de G en I, point par lequel on mènera CD parallèlement à AB.

Application. — Supposons que l'on ait $EF = 8^m$, $GH = 7^m$, $AB = 11^m$, $m = 5$ et $n = 4$.

Il viendra

$$CD = \sqrt{\frac{(8^2 \times 5) + (11^2 \times 4)}{5 + 4}} = \sqrt{\frac{804}{9}} = \sqrt{89,3333} = 9^m,45.$$

Or, la surface du trapèze AEFB est $\frac{8^m + 11^m}{2} \times 7 = 66^{mc},50$, et celle du trapèze ACDB, $\frac{66^{mc},50 \times 5}{5 + 4} = 36^{mc},94$; donc GI égale

$36^{mc},94$ divisés par la demi-somme des bases AB, CD, ou par $\frac{9^m,45 + 11^m}{2}$. Effectuant, on trouve $GI = 3^m,61$.

Corollaire. — Si les deux parties du trapèze doivent être équivalentes, on aura $m = 1$ et $n = 1$. Alors la formule ci-dessus donnera

$$CD = \sqrt{\frac{\overline{EF}^2 + \overline{AB}^2}{2}};$$

donc, dans ce cas, la divisoire CD égale *la racine carrée de la demi-somme des carrés des bases.*

Remarque. — La formule (*a*) peut encore servir à partager un trapèze quelconque en *n* parties équivalentes par des lignes parallèles aux bases, car chacune des divisoires dont on veut la longueur décompose la figure en deux trapèzes proportionnels aux nombres de parties qu'ils renferment. Mais afin de simplifier notre formule et de la rendre plus pratique, nous allons traiter cette question d'une manière plus générale.

28. — *Diviser un trapèze en un nombre quelconque de parties équivalentes par des lignes parallèles aux bases.* (Fig. 22.)

Soit AEFB le trapèze donné, S sa surface, *a* le nombre de parties équivalentes, *h* la hauteur IE, B la grande base, et *b* la petite base.

Recherchons d'abord une formule générale qui permette d'exprimer toutes les lignes séparatives en fonction des bases B et *b*.

A cet effet, traçons l'une CD des divisoires, et nommons-la x pour la simplicité des calculs.

Le trapèze CEFD pouvant contenir un nombre n de parties, est au trapèze AEFB dans le rapport du nombre n à a, c'est-à-dire que

$$\frac{CEFD}{AEFB}=\frac{n}{a}.$$

Mais leurs aires égalent respectivement

$$\frac{(CD+EF)}{2}\times JE=\frac{(x+b)}{2}\times JE,$$

$$\frac{(AB+EF)}{2}\times IE=\frac{(B+b)}{2}\times h;$$

donc $$\frac{(x+b)\times JE}{(B+b)\ h}=\frac{n}{a}. \qquad (1)$$

Menant d'autre part EG parallèlement à FB, on obtient deux triangles semblables ECH, EAG, qui donnent

$$\frac{JE}{IE}=\frac{CH}{AG} \text{ ou } \frac{JE}{h}=\frac{x-b}{B-b};$$

d'où l'on tire $$JE=\frac{h\,(x-b)}{B-b}.$$

Portant cette valeur dans l'équation (1) et réduisant,

il vient $$\frac{(x+b)\ (x-b)}{(B+b)\ (B-b)}=\frac{n}{a},$$

ou $$\frac{x^2-b^2}{B^2-b^2}=\frac{n}{a},$$

puisque la *somme de deux nombres multipliée par leur différence égale la différence des carrés de ces nombres.*

De là on déduit

$$x = \sqrt{b^2 + \frac{n}{a}(B^2 - b^2)}.$$

Cette formule permet de calculer toutes les divisoires, car chacune d'elles égale *la racine carrée d'un nombre formé en ajoutant au carré de la petite base la différence des carrés des bases multipliée par un rapport qui a pour numérateur le nombre des parties comprises entre la division cherchée et la petite base, et pour dénominateur le nombre total des parties.*

Les bases des trapèzes partiels étant ainsi calculées, on divisera leur surface commune, qui égale $\frac{S}{a}$, par la demi-somme de leurs bases : les quotients exprimeront les hauteurs des trapèzes. On achèvera le problème en reportant ces hauteurs de I vers E, et en élevant à leurs extrémités des perpendiculaires qui limiteront les parties demandées.

Application. — Supposons qu'il s'agisse de diviser le trapèze AEFB en quatre parties égales, et qu'on ait $B = 80^m$, $b = 50^m$, $h = 30^m$.

Les trois divisoires que nous nommerons x, x', x'', seront

$$x = \sqrt{50^2 + \frac{3}{4}(80^2 - 50^2)} = 73^m,65,$$

$$x' = \sqrt{50^2 + \frac{2}{4}(80^2 - 50^2)} = 66^m,70,$$

$$x'' = \sqrt{50^2 + \frac{1}{4}(80^2 - 50^2)} = 58^m,94.$$

Mais $$S = \frac{(80^m + 50^m) \times 30^m}{2} = 1950^{mc},$$

et $$\frac{S}{4} = \frac{1950^{mc}}{4} = 487^{mc},50 ;$$

donc en divisant $\frac{S}{4}$, ou $487^{mc},50$, par

1° $\frac{80^m + 73^m,65}{2}$,

2° $\frac{73^m,65 + 66^m,70}{2}$,

3° $\frac{66^m,70 + 58^m,94}{2}$,

on aura les hauteurs des trapèzes partiels.

§ III. — Division des Quadrilatères proprement dits.

Les domaines cultivés ou transmis par succession composent une classe nombreuse de quadrilatères irréguliers qu'il importe de savoir décomposer de bien des manières, afin de satisfaire aux exigences des fermiers et des copropriétaires. Les procédés par tâtonnements approximatifs ne donnant que des résultats incertains, nous emploierons, dans la plupart des divisions suivantes, une méthode rigoureuse qui permet de déduire les longueurs inconnues des *mesures effectives*, c'est-à-dire des lignes données ou chaînées pour l'évaluation de la surface à partager.

29. — *Partager le quadrilatère ABDC en quatre parties équivalentes par des lignes tirées de l'angle A, où se trouve un puits qui doit rester commun.* (Fig. 23.)

Tirons la diagonale CB; divisons sa longueur en

quatre parties égales, et joignons les points de division E, O, P aux points A et D.

Il est évident que les polygones ABDP, APDO, AODE, AEDC sont équivalents comme composés de triangles équivalents; mais la forme qu'ils présentent rendant les labours difficiles, il importe, dans l'intérêt des cultivateurs, de les transformer en d'autres plus réguliers et de même valeur.

Pour ce faire, menons la diagonale AD, et, à cette dernière, les parallèles PH, OG, EF, qui rencontrent les côtés BD et DC aux points H, G, F. Joignant ces points au sommet de l'angle A, on aura les triangles ABH, AHG, AFC et le quadrilatère AGDF pour les parties demandées.

En effet, le triangle ABD=ABDP+APD. Or, le triangle APD=AHD; donc, en retranchant AHD de ABD, le reste ABH équivaudra à ADBP, et sera le premier quart du quadrilatère proposé.

De même, AHD ou mieux son égal APD=APDO+AOD; mais AOD=AGD; donc AHD—AGD, c'est-à-dire AHG, équivaut à APDO et forme le deuxième quart.

Des raisonnements analogues démontreront que AGDF et AFC représentent le troisième et le quatrième quart du quadrilatère.

Application. — Supposons que l'on ait CB = 134^m.

On portera 33^m,50, quart de cette ligne, de C vers B, en E, O, P; on mènera à DA les parallèles EF, OG, PH, et on joindra leurs extrémités F, G, H au point A.

30. — *Diviser en quatre parties équivalentes un quadrila-*

tère accessible dont on ne connaît point la superficie. (Fig. 24.)

Soit ABCD le quadrilatère à diviser en quatre parties égales.

Du point C menons à AD une parallèle JC; divisons AD, JC en quatre parties égales et tirons FH, GI, KL, ainsi que BH, BI, BL : le quadrilatère sera divisé en quatre parties équivalentes. En effet, les trapèzes JHFA, HIGF, ILKG, LCDK sont égaux comme ayant mêmes bases et même hauteur. Pareillement les triangles BHJ, BIH, BLI et BCL le sont aussi ; donc les surfaces ABHF, FHBIG, GIBLK et KLBCD sont équivalentes.

Il s'agit maintenant de régulariser ces parties au moyen de transformations faciles à effectuer.

Pour cela, joignons FB ; menons HE parallèlement à BF et tirons la divisoire définitive FE : les deux quadrilatères ABEF, ABHF seront équivalents comme composés d'une partie commune ABF et de triangles FBE, FBH qui ont même base FB et même hauteur. Donc ABEF est le premier quart du quadrilatère ABCD.

Actuellement, menons IN parallèlement à GB et traçons la divisoire GN : le quadrilatère FENG sera la deuxième partie.

Il est visible, en effet, que si l'on ajoute le triangle ABG aux triangles équivalents GBN, GBI, on aura ABNG=ABIG ou deux quarts. Donc FENG, différence entre deux quarts et un quart de la figure, est la deuxième partie.

On opèrera de même pour la troisième, et le problème sera résolu.

Application. — Soit $JC = 136^m$, $AD = 130^m$, $\frac{JC}{4} = 34^m$, et $\frac{AD}{4} = 32^m,50$.

On portera 34^m de J vers C, en H, I, L, et $32^m,50$ de A vers D en F, G, K. Ensuite on tirera les lignes FB, GB, KB, ainsi que leurs parallèles respectives HE, IN, LM, qui déterminent les extrémités des divisoires FE, GN, KM.

31. — *Distraire du quadrilatère* ABCD *une parcelle d'une contenance déterminée.* (Fig. 25.)

Soit S la surface du quadrilatère ABGH qu'il faut retrancher de la pièce de terre ABCB, le long du côté AB.

Abaissons du point B, sur AD, la perpendiculaire BF; prenons la moitié de la surface S et divisons $\frac{S}{2}$ par $\frac{BF}{2}$: le quotient, représentant la base du triangle ABH, sera porté de A vers D, en H. Pour compléter le triangle ABH, menons à BC la perpendiculaire HE et divisons $\frac{S}{2}$ par $\frac{HE}{2}$; portons ensuite le quotient de B vers C, en G : le quadrilatère ABGH ainsi obtenu sera équivalent à S, car les triangles ABH, HBG dont il se compose ont chacun une surface égale à $\frac{S}{2}$.

Application. — Donnons à S, c'est-à-dire au quadrilatère ABGH, une valeur de 4032^{mc}, et supposons que l'on ait trouvé $BF = 72^m$ et $HE = 79^m$.

Il en résultera

$$ABH = \frac{4032^{mc}}{2} = 2016^{mc};$$

$$AH = 2016^{mc} : \frac{72^m}{2} = 56^m;$$

$$BG = 2016^{mc} : \frac{79^m}{2} = 51^m,03.$$

Remarque. — Ce procédé peut encore être employé pour déterminer une seconde parcelle attenante à la première. S'il y en a davantage, on opèrera ainsi qu'il sera dit plus bas.

32. — *Diviser le quadrilatère* A B C D *en trois portions égales à partir des points* I *et* O, *situés, le premier aux deux tiers de la distance de* B *à* C, *et le deuxième au milieu de* B A. (Fig. 26.)

Prenons A D pour base d'opération; abaissons des points B et C les perpendiculaires B E, C L; mesurons ces lignes ainsi que les segments de base D L, L E, E A, et calculons la surface S du quadrilatère.

Faisons ensuite la première portion J I C D.

A cet effet, évaluons la surface du trapèze I C L K, que nous formons sur le canevas ou croquis, en menant K I perpendiculairement à A D. La hauteur K L et la base K I étant inconnues, cherchons à les déduire des mesures effectives.

D'abord K L équivaut à $\frac{LE}{3}$, car si l'on trace BN parallèlement à A D, on voit que cette ligne égale E L, et que, de plus, elle est divisée par K I en parties proportionnelles à B I et I C. Donc H N ou K L $= \frac{BN}{3}$ ou $\frac{EL}{3}$.

D'un autre côté, les triangles semblables BIH et BCN donnent $\frac{IH}{CN} = \frac{BI}{BC}$ ou $\frac{IH}{CL - BE} = \frac{2}{3}$;

d'où l'on tire $IH = \frac{2(CL - BE)}{3}$.

Ajoutant BE = HK, à IH, on aura KI et l'on pourra calculer la surface du trapèze KICL. Mais celui-ci, augmenté du triangle CLD, donne une surface supérieure à $\frac{S}{3}$, valeur de chaque partie. Par conséquent, il faut diminuer le quadrilatère KICD du triangle KIJ, dont la hauteur est KI, et la contenance $(KICL + CLD) - \frac{S}{3}$. La base KJ étant déterminée par une simple division, on la retranchera de KD afin d'avoir DJ ; puis on reportera sur le terrain DJ, JK, de D vers A, en J et en K, où l'on élèvera la perpendiculaire KI, qui fixera le point I et achèvera le quadrilatère JICD, première partie.

Pour obtenir la deuxième partie, on remarquera que le triangle ABJ, dont on connaît la hauteur BE et la base $AJ = (AE + EL + LD) - DJ$, peut être divisé en deux parties équivalentes en joignant le point O, milieu de BA, au point J ; de plus, si l'on retranche AOJ de $\frac{S}{3}$, on verra que la différence représente la surface du triangle GOJ. Divisant cette dernière par la moitié de la perpendiculaire OF, qu'on abaissera du point O sur IJ, on aura la base JG du triangle JOG, qui complète AOJ et forme le quadrilatère AOGJ, deuxième partie.

La troisième sera le quadrilatère contigu OBIG.

Application. — Supposons que l'on ait $DL = 16^m$, $CL = 110^m$, $LE = 116^m$, $BE = 76^m$ et $EA = 12^m$.

Il viendra

$$ABE = \frac{76^m \times 12^m}{2} = 456^{mc};$$

$$EBCL = \frac{(76^m + 110^m) \times 116^m}{2} = 10788^{mc};$$

$$LCD = \frac{110^m \times 16^m}{2} = 880^{mc}.$$

Or la surface du quadrilatère ABCD est la somme des trois surfaces précédentes; donc $S = 12124^{mc}$, et $\frac{S}{3} = \frac{12124^{mc}}{3} = 4041^{mc},33$.

D'un autre côté,

$$IH = \frac{2(CL - BE)}{3} = \frac{2 \times (110^m - 76^m)}{3} = 22^m,66;$$

$$IK = IH + HK = 22^m,66 + 76^m = 98^m,66;$$

$$KL = \frac{LE}{3} = \frac{116^m}{3} = 38^m,67;$$

$$KICL = \frac{(CL + IK) \times KL}{2} = \frac{(110^m + 98^m,66) \times 38^m,67}{2} = 4035^{mc},34;$$

$$KIJ = (KICL + LCD) - \frac{S}{3} = (4035^{mc},34 + 880^{mc}) - 4041^{mc},33$$
$$= 874^{mc},01.$$

Par conséquent

$$KJ = KIJ : \frac{IK}{2} = 874^{mc},01 : \frac{98^m,66}{2} = 17^m,71;$$

$$DJ = KD - KJ = (38^m,67 + 16^m) - 17^m,71 = 36^m,96.$$

Abaissant maintenant sur JI la perpendiculaire OF, qu'on trouvera de 90^m, et déterminant AJ, qui égale AD — DJ, ou $144^m - 36^m,96 = 107^m,04$, on pourra poser

$$ABJ = \frac{AJ \times BE}{2} = \frac{107^m,04 \times 76^m}{2} = 4067^{mc},52;$$

$$AOJ = \frac{ABJ}{2} = \frac{4067^{mc},52}{2} = 2033^{mc},76;$$

$$GOJ = \frac{S}{3} - AOJ = 4041^{mc},33 - 2033^{mc},76 = 2007^{mc},57\,;$$

$$JG = GOJ : \frac{OF}{2} = 2007^{mc},57 : \frac{90}{2} = 44^{m},60.$$

Remarque. — Si un obstacle quelconque empêche d'abaisser et de chaîner la perpendiculaire OF, indispensable pour la division, on en cherchera la longueur de la manière suivante :

Après avoir déterminé la première portion JICD, on calculera la longueur JI, hypoténuse du triangle rectangle IKJ, et les surfaces des triangles ABJ, AIJ, dont on connaît la base commune AJ = (AE + EL + LD) — DJ et les hauteurs BE, IK. Ensuite on retranchera AIJ du quadrilatère ABIJ, qui équivaut à $\frac{2S}{3}$, et l'on prendra la moitié du triangle restant ABI, ainsi que du triangle ABJ. Enfin on diminuera le quadrilatère ABIJ de la somme des triangles OBI, AOJ, et l'on divisera le reste, c'est-à-dire le triangle OIJ, par $\frac{JI}{2}$: le quotient sera la perpendiculaire OF.

33. — *Diviser le quadrilatère* ABCD *en quatre parties équivalentes, de manière que le côté opposé à la base d'opération soit divisé en quatre parties égales.* (Fig. 27.)

Soit ABCD le quadrilatère donné et AD la base d'opération sur laquelle on a abaissé les perpendiculaires BI, CO. Appelons S la surface calculée à l'aide de ces lignes, et des segments de base AI, IO, OD, et supposons que toutes les parts aboutissent à BC, préalablement divisé en quatre parties égales BE, EF, FG, GC.

Retranchons d'abord le triangle ACD du quadrilatère ABCD, et divisons le triangle ABC en quatre parties équivalentes, en joignant au sommet A les points E, F, G. Menons ensuite BM parallèlement à AD et abaissons sur cette dernière ligne les perpendiculaires EN, FP, GQ, dont nous pouvons connaître la longueur en déterminant leurs différences respectives ER, FS, GT.

Les triangles BER, BFS, BGT et BCM étant semblables, nous avons

$$\frac{ER}{CM}=\frac{BE}{BC}, \quad \frac{FS}{CM}=\frac{BF}{BC} \text{ et } \frac{GT}{CM}=\frac{BG}{BC};$$

d'où l'on tire, après avoir remplacé CM par sa valeur, et les quantités BE, BF, BG, BC par 1, 2, 3, 4,

$$ER=\frac{CO-BI}{4}, \quad FS=\frac{CO-BI}{2} \text{ et } GT=\frac{3(CO-BI)}{4}.$$

Ajoutant maintenant ER, FS, GT à BI, on aura les données suffisantes pour déterminer chacune des parties.

En effet, $\frac{S}{4}$ — BEA = le triangle AEH, dont on connaît la hauteur EN, et par suite la base AH, qu'on portera sur le terrain de A vers D, en H, et le quadrilatère ABEH sera la première partie.

Pour obtenir la deuxième, on diminuera $\frac{S}{2}$ du triangle BFA, qui égale la moitié de ABC, et l'on divisera le reste, ou le triangle AFJ, par $\frac{FP}{2}$, afin d'avoir la base AJ, dont on portera l'excès sur AH, de H en J, et le quadrilatère EFJH, différence entre la 1/2 et le 1/4 de la pièce de terre, formera la deuxième partie.

On opèrera de même pour la troisième, et le partage répondra à la condition imposée.

Application. — Supposons que l'on ait $AI = 14^m$, $BI = 78^m$, $IO = 134^m$, $CO = 116^m$ et $OD = 16^m$.

Évaluant et réunissant les surfaces ABI, IBCO et OCD, on trouve que la surface S du quadrilatère équivaut à 14472^{mc}, dont le 1/4 est 3618^{mc}.

On a de plus

$$ACD = \frac{(14^m + 134^m + 16^m) \times 116^m}{2} = 9512^{mc}.$$

Par conséquent

$$ABC = S - ACD = 14472^{mc} - 9512^{mc} = 4960^{mc},$$

et ABE ou $\frac{ABC}{4} = \frac{4960^{mc}}{4} = 1240^{mc}$.

Exprimant numériquement les perpendiculaires EN, FP, GQ, en calculant préalablement leurs segments respectifs ER, FS, GT, on obtient

$$EN = 78^m + \frac{116^m - 78^m}{4} = 87^m,50;$$

$$FP = 78^m + \frac{116^m - 78^m}{2} = 97^m;$$

$$GQ = 78^m + \frac{3 \times (116^m - 78^m)}{4} = 106^m,50.$$

Cela posé, on a évidemment

$$AEH = \frac{S}{4} - ABE = 3618^{mc} - 1240^{mc} = 2378^{mc};$$

$$AH = AEH : \frac{EN}{2} = 2378^{mc} : \frac{87^m,50}{2} = 54^m,35;$$

$$AFJ = \frac{2S}{4} - 2 \times ABE = 7236^{mc} - 2480^{mc} = 4756^{mc};$$

$$AJ = AFJ : \frac{FP}{2} = 4756^{mc} : \frac{97^{m}}{2} = 98^{m},06 ;$$

$$AGK = \frac{3S}{4} - 3 \times ABE = 10854^{mc} - 3720^{mc} = 7134^{mc} ;$$

$$AK = AGK : \frac{GQ}{2} = 7134^{mc} : \frac{106^{m},50}{2} = 133^{m},97 ;$$

d'où résulte

$$HJ = AJ - AH = 98^{m},06 - 54^{m},35 = 43^{m},71 ;$$

$$JK = AK - AJ = 133^{m},97 - 98^{m},06 = 35^{m},91 .$$

34. — *Autre solution.* — La surface S et les perpendiculaires EN, EP, GQ étant obtenues, on déterminera la contenance des trapèzes IBEN, NEFP, PEGQ, QGCO. Puis on réunira le triangle ABI au trapèze IBEN, afin de connaître la surface du quadrilatère ABEN, que l'on comparera à $\frac{S}{4}$, valeur de chaque partie. Comme le quadrilatère ABEN est plus petit que $\frac{S}{4}$, on le complètera à l'aide du triangle NEH, dont la hauteur est connue, ainsi que la surface, qui égale $\frac{S}{4}$ — ABEN. Divisant $\frac{S}{4}$ — ABEN par $\frac{EN}{2}$, on aura la base NH, qu'on portera à la suite de AN = AI + IN, et le quadrilatère ABEH sera la première partie.

Pour la deuxième, on diminuera le trapèze NEFP du triangle NEH, et l'on soustraira le quadrilatère restant HEFP de $\frac{S}{4}$, ce qui donnera la surface du triangle PFJ. Divisant PFJ par $\frac{PF}{2}$, on aura la base PJ, qu'on ajoutera à NP — NH ou à PH. Ensuite on portera HJ de H vers D, en J, et le quadrilatère HEFJ sera la deuxième partie.

On suivra une marche analogue pour la troisième, et la division sera terminée.

Application. — Supposant les mêmes données que précédemment, chacune des distances IN, NP, PQ égale $\frac{10}{4} = 33^m,50$.

Par suite,

$$IBEN = \frac{(78^m + 87^m,50) \times 33^m,50}{2} = 2772^{mc},12;$$

$$NEFP = \frac{(87^m,50 + 97^m) \times 33^m,50}{2} = 3090^{mc},38;$$

$$PEGQ = \frac{(97^m + 106^m,50) \times 33^m,50}{2} = 3408^{mc},62.$$

Comme la surface du triangle ABI et celle du trapèze IBEN ne valent ensemble que $3318^{mc},12$, le triangle complémentaire NEH contiendra $299^{mc},88$, différence entre $\frac{S}{4}$ et le quadrilatère ABEN. Divisant donc $299^{mc},88$ par $43^m,75$, moitié de EN, le quotient $6^m,85$ représentera NH, de sorte que AH sera $14^m + 33^m,50 + 6^m,85 = 54^m,35$.

Pour déterminer les autres inconnues HJ et JK, on observera que

$$HEFP = NEFP - NEH = 3090^{mc},38 - 299^{mc},88 = 2790^{mc},50;$$

$$PFJ = \frac{S}{4} - HEFP = 3618^{mc} - 2790^{mc},50 = 827^{mc},50;$$

$$PJ = PFJ : \frac{FP}{2} = 827^{mc},50 : \frac{97^m}{2} = 17^m,06;$$

$$JFGQ = PFGQ - PFJ = 3408^{mc},62 - 827^{mc},50 = 2581^{mc},12;$$

$$QGK = \frac{S}{4} - JFGQ = 3618^{mc} - 2581^{mc},12 = 1036^{mc},88;$$

$$QK = QGK : \frac{GQ}{2} = 1036^{mc},88 : \frac{106^{m},50}{2} = 19^{m},47.$$

De là on tire

$$HP = \frac{10}{4} - NH = 33^{m},50 - 6^{m},85 = 26^{m},65;$$

$$HJ = HP + PJ = 26^{m},65 + 17^{m},06 = 43^{m},71;$$

$$JQ = PQ - PJ = 33^{m},50 - 17^{m},06 = 16^{m},44;$$

$$JK = JQ + QK = 16^{m},44 + 19^{m},47 = 35^{m},91.$$

REMARQUE. — Le même mode de subdivision s'appliquerait au cas où il s'agirait de partager un quadrilatère proportionnellement aux droits de plusieurs héritiers.

35. — *Partager le quadrilatère* ABCD *en quatre parties équivalentes, de manière que la base d'opération soit divisée en quatre parties égales* AG, GH, HI et ID. (Fig. 28.)

Ce problème ne diffère du précédent que par le renversement de la base d'opération. En conséquence, si à l'aide des segments de base AJ, JK, KD et des perpendiculaires BJ, CK, abaissées des points B et C sur AD pour évaluer l'aire S du quadrilatère, nous parvenons à calculer les perpendiculaires AE, DF, supposées menées à BC prolongée, par les points A et D, nous n'aurons plus qu'à appliquer des principes connus pour effectuer une division qui, de prime-abord, paraît assez embarrassante.

Pour arriver à nos fins, traçons BL, sur le croquis, parallèlement à AD, et déterminons BC.

Le triangle BCL étant rectangle et BL égalant JK, nous avons

$$BC = \sqrt{\overline{BL}^2 + \overline{LC}^2} = \sqrt{\overline{JK}^2 + (CK - BJ)^2}.$$

D'un autre côté, les diagonales AC et BD forment quatre triangles ABC, ACD, ABD, DBC, dont deux, ABD, ACD, ont AD pour base commune, et BJ, CK pour hauteurs. Calculant les superficies des triangles ACD, ABD et les retranchant de l'aire S du quadrilatère, nous aurons celles des triangles ABC et DBC, qu'il restera à diviser par $\frac{BC}{2}$ pour que AE et DF soient déterminées.

Cela posé, décomposons le triangle ABD en quatre parties équivalentes par les droites BG, BH, BI, issues du sommet B, et recherchons les longueurs des perpendiculaires x, x', x'' abaissées des points G, H, I sur BC.

D'après ce qui a été dit au n° 33, $x = AE + \frac{DF - AE}{4}$, $x' = AE + \frac{DF - AE}{2}$ et $x'' = AE + \frac{3(DF - AE)}{4}$. Comme DF et AE ont été déduites des mesures effectives, il est facile d'obtenir x, x', x'', de sorte qu'on peut maintenant s'occuper de la délimitation de chacune des parties.

La première ABMG se compose de deux triangles GBM et ABG. Or, le dernier égale le quart du triangle ABD; donc GBM égalera $\frac{S}{4} - ABG$. Divisant la surface du triangle GBM par $\frac{x}{2}$, nous connaîtrons sa base BM, que, sur le terrain, nous reporterons de B vers C, en M, et le quadrilatère A B M G sera la première portion.

Pour la deuxième, nous diminuerons $\frac{S}{2}$ du triangle A B H, qui égale A B G $\times$ 2. Nous diviserons ensuite le reste, ou le triangle H B N, par $\frac{x'}{2}$, ce qui nous donnera la base B N, dont nous porterons l'excès sur B M, de M en N, et le quadrilatère G M N H, différence entre la 1/2 et le 1/4 de la figure formera la deuxième partie.

On opèrera de même pour la troisième, et le problème sera résolu.

Application. — Soit A J = 16ᵐ, B J = 78ᵐ, J K = 158ᵐ, C K = 116ᵐ, et K D = 42ᵐ.

Conformément aux indications de la solution, on a

$$S = ABJ + JBCK + KCD = 18386^{mc};$$

$$BC = \sqrt{158^2 + (116^m - 78^m)^2} = 162^m,50\,;$$

$$ACD = \frac{AD \times CK}{2} = \frac{216^m \times 116^m}{2} = 12528^{mc};$$

$$ABD = \frac{AD \times BJ}{2} = \frac{216^m \times 78^m}{2} = 8424^{mc};$$

$$ABC = S - ACD = 18386^{mc} - 12528^{mc} = 5858^{mc};$$

$$DBC = S - ABD = 18386^{mc} - 8424^{mc} = 9962^{mc}.$$

Divisant les surfaces des triangles A B C, D B C par la moitié de 162ᵐ,50, leur base commune B C, on obtient

$$AE = 5858^{mc} : \frac{162^m,50}{2} = 72^m,11\,;$$

$$DF = 9962^{mc} : \frac{162^m,50}{2} = 122^m,60.$$

De là résulte

$$x = AE + \frac{DF - AE}{4} = 72^m,11 + \frac{122^m,60 - 72^m,11}{4} = 84^m,73\,;$$

$$x' = AE + \frac{DF - AE}{2} = 72^m,11 + \frac{122^m,60 - 72^m,11}{2} = 97^m,35\,;$$

$$x'' = AE + \frac{3(DF - AE)}{4} = 72^m,11 + \frac{3 \times (122^m,60 - 72^m,11)}{4} = 109^m,97.$$

Actuellement

$$\frac{ABD}{4} = \frac{8424^{mc}}{4} = 2106^{mc}\,;$$

et $$\frac{S}{4} = \frac{18386^{mc}}{4} = 4596^{mc},50.$$

Par conséquent

$$GBM = \frac{S}{4} - \frac{ABD}{4} = 4596^{mc},50 - 2106^{mc} = 2490^{mc},50\,;$$

$$HBN = \frac{2S}{4} - \frac{2 \times ABD}{4} = 9193^{mc} - 4212^{mc} = 4981^{mc}\,;$$

$$IBO = \frac{3S}{4} - \frac{3 \times ABD}{4} = 13789^{mc},50 - 6318^{mc} = 7471^{mc},50\,;$$

$$BM = GBM : \frac{x}{2} = 2490^{mc},50 : \frac{84^m,73}{2} = 58^m,79\,;$$

$$BN = HBN : \frac{x'}{2} = 4981^{mc} : \frac{97^m,35}{2} = 102^m,34\,;$$

$$BO = IBO : \frac{x''}{2} = 7471^{mc},50 : \frac{109^m,97}{2} = 135^m,89.$$

De là on déduit

$$MN = BN - BM = 102^m,34 - 58^m,79 = 43^m,55\,;$$

$$NO = BO - BN = 135^m,89 - 102^m,34 = 33^m,55.$$

Remarque. — Les deux solutions précédentes supposent que l'on peut entrer dans l'intérieur de la pièce de terre; mais comme les longueurs indispensables à la division sont déduites des mesures effectives, notre manière d'opérer s'adapte parfaitement au cas où le quadrilatère est inaccessible, surtout si le terrain adjacent est libre de tout obstacle et permet d'obtenir les perpendiculaires BJ et CK.

36. — *Diviser le quadrilatère* ABCD *en quatre parties équivalentes par des lignes parallèles à l'un des côtés adjacents à la base d'opération.* (Fig. 29.)

Soit S la surface du quadrilatère, calculée à l'aide des perpendiculaires BE, CL et des segments de base AE, EL, LD, et soit CD le côté qui doit être parallèle aux divisoires FG, IH, KJ, que nous supposons tracées pour simplifier nos raisonnements.

Prolongeons sur le canevas les côtés BC et AD jusqu'à leur point de concours O, et déterminons OD, afin de pouvoir évaluer l'aire du triangle OCD.

La similitude des triangles OCL, OBE donne

$$\frac{OE}{OL}=\frac{BE}{CL}$$

ou (n° 3)

$$\frac{OE}{OL-OE}=\frac{BE}{CL-BE}.$$

De là on tire

$$OE=\frac{BE\times(OL-OE)}{CL-BE}=\frac{BE\times EL}{CL-BE}.$$

Ajoutant (EL + LD) à OE, on aura la base OD du triangle OCD, et partant sa surface en multipliant OD par $\frac{CL}{2}$.

La question se réduit maintenant à détacher les trapèzes FGCD, IHGF, KJHI, dont la contenance égale $\frac{S}{4}$, et à fixer les points F, I, K, par où l'on mènera les parallèles FG, IH, KJ.

Les triangles OCD, OGF, OHI, OJK, qui diffèrent en étendue de $\frac{S}{4}$, étant semblables, ont leurs surfaces proportionnelles aux carrés des côtés homologues ; on peut donc écrire

$$\frac{\overline{OF}^2}{\overline{OD}^2}=\frac{OGF}{OCD},\ \frac{\overline{OI}^2}{\overline{OD}^2}=\frac{OHI}{OCD},\ \frac{\overline{OK}^2}{\overline{OD}^2}=\frac{OJK}{OCD}.$$

De là on déduit

$$OF=\sqrt{\frac{\overline{OD}^2\times OGF}{OCD}},$$

$$OI=\sqrt{\frac{\overline{OD}^2\times OHI}{OCD}},$$

$$OK=\sqrt{\frac{\overline{OD}^2\times OJK}{OCD}}.$$

Les lignes OF, OI, OK étant connues, une simple soustraction donnera DF, FI et IK, qu'on reportera, sur le terrain, de D vers A, en F, I et K. On achèvera l'opération en menant à DC des parallèles passant par les points F, I, K.

Application. — Supposons que l'on ait $AE = 11^m$, $BE = 52^m$ $EL = 124^m$, $LD = 26$, et $CL = 114^m$.

Conformément à ce qui précède, on obtient d'abord

$$OE = \frac{BE \times EL}{CL - BE} = \frac{52^m \times 124^m}{114^m - 52^m} = 104^m;$$

$$OD = OE + EL + LD = 254^m;$$

$$OCD = \frac{OD \times CL}{2} = \frac{254^m \times 114^m}{2} = 14478^{mc}.$$

D'un autre côté,

$$S = ABE + EBCL + LCD = 12060^{mc},$$

et $$\frac{S}{4} = \frac{12060^{mc}}{4} = 3015^{mc}.$$

Par conséquent

$$OGF = OCD - \frac{S}{4} = 14478^{mc} - 3015^{mc} = 11463^{mc};$$

$$OHI = OGF - \frac{S}{4} = 11463^{mc} - 3015^{mc} = 8448^{mc};$$

$$OJK = OHI - \frac{S}{4} = 8448^{mc} - 3015^{mc} = 5433^{mc}.$$

Substituant aux quantités littérales, dans les formules, les nombres correspondants, il vient

$$OF = \sqrt{\frac{254^2 \times 11463^{mc}}{14478^{mc}}} = 226^m,01,$$

$$OI = \sqrt{\frac{254^2 \times 8448^{mc}}{14478^{mc}}} = 194^m,02,$$

$$OK = \sqrt{\frac{254^2 \times 5433^{mc}}{14478^{mc}}} = 155^m,59;$$

d'où l'on tire

$$FD = OD - OF = 254^m - 226^m{,}01 = 27^m{,}99,$$

$$IF = OF - OI = 226^m{,}01 - 194^m{,}02 = 31^m{,}99,$$

$$KI = OI - OK = 194^m{,}02 - 155^m{,}59 = 38^m{,}43.$$

Remarque. — Ici encore il est bon d'observer que la divisoire JK pourrait, dans certains cas, rencontrer le côté AB. Si cela devait avoir lieu, on mènerait BR parallèlement à AD, et BT parallèlement à CD. Déduisant ensuite MR de la comparaison des triangles semblables MCR, LCD, on obtiendrait d'abord TD, qui équivaut à BM + MR, puis la base AT du triangle ABT, lequel sera divisé comme l'a été le triangle OCD.

37. — *Diviser le quadrilatère* ABCK *en dix parties équivalentes par des lignes parallèles au plus grand côté pris pour base d'opération.* (Fig. 30).

La question que nous nous proposons de résoudre se réduit évidemment à calculer les hauteurs MH, HL,.... des trapèzes partiels et du quadrilatère qui pourrait se rencontrer dans la partie supérieure de la figure.

Soient AM, MN, NK, BM, CN, les lignes chaînées pour l'évaluation de la surface S du quadrilatère ABCK, et $\frac{S}{10}$ la valeur de chaque partie.

Occupons-nous, en premier lieu, de la recherche des éléments de la division.

Par le point C du croquis, menons à AB la parallèle CI, à KA la parallèle CF, et prolongeons AB, KC, jusqu'à leur rencontre en O. Déterminons ensuite FD, AI, IK, ainsi que la surface du triangle AOK.

Les triangles ABM, FBD étant semblables, et BD égalant BM — CN, on peut écrire

$$\frac{FD}{AM} = \frac{BD}{BM},$$

d'où l'on tire

$$FD = \frac{BD \times AM}{BM},$$

Ajoutant FD à la ligne BC, qui égale MN, on aura FC = AI, et par suite IK, différence entre AK et AI; la surface du triangle ICK pourra donc être déterminée. Mais le triangle ICK est semblable au triangle AOK; donc on a

$$\frac{AOK}{ICK} = \frac{\overline{AK}^2}{\overline{IK}^2},$$

d'où l'on déduit

$$AOK = \frac{\overline{AK}^2 \times ICK}{\overline{IK}^2}.$$

Divisant enfin AOK par $\frac{AK}{2}$, on aura la hauteur totale OG, à laquelle pourront être comparées les lignes homologues OP, OQ,..... dont la longueur est indispensable pour la division.

Cela posé, traçons sur le croquis figuratif les divisoires EJ, RT,..... et calculons les hauteurs des trapèzes partiels AEJK, ERTJ,....

Les triangles semblables AOK, EOJ, ROT,..... qui diffèrent en étendue de $\frac{S}{10}$, donnent

$$\frac{\overline{OP}^2}{\overline{OG}^2}=\frac{EOJ}{AOK},\quad \frac{\overline{OQ}^2}{\overline{OG}^2}=\frac{ROT}{AOK},\ldots;$$

d'où résulte

$$OP=\sqrt{\frac{EOJ\times\overline{OG}^2}{AOK}},\quad OQ=\sqrt{\frac{ROT\times\overline{OG}^2}{AOK}},\ldots$$

Les lignes OP, OQ,..... étant trouvées, on obtiendra aisément GP, PQ,..... qu'il restera à reporter, sur le terrain, de M vers B, en H, L,..... où l'on élèvera les perpendiculaires EJ, RT,..... qui seront les divisoires demandées.

Application. — Faisons $AM = 92^m$, $BM = 78^m$, $MN = 68^m$, $CN = 62^m$, et $NK = 20^m$.

Cherchons d'abord FD, IK, et la surface du triangle ICK.

$$FD=\frac{BD\times AM}{BM}=\frac{(78^m-62^m)\times 92^m}{2}=18^m{,}87\,;$$

$$FC \text{ ou } AI = FD + MN = 18^m{,}87 + 68^m = 86^m{,}87\,;$$

$$IK = AK - AI = (92^m + 68^m + 20^m) - 86^m{,}87 = 93^m{,}13\,;$$

$$ICK=\frac{IK\times CN}{2}=\frac{93^m{,}13\times 62^m}{2}=2887^{mc}{,}03.$$

Remplaçons ICK par sa valeur dans l'expression

$$AOK=\frac{\overline{AK}^2\times ICK}{\overline{IK}^2},$$

il vient

$$AOK = \frac{180' \times 2887^{mc},03}{93^{m},13^{2}} = 10784^{mc},92.$$

Par suite,

$$OG = AOK : \frac{AK}{2} = 10784^{mc},92 : \frac{180'}{2} = 119^{m},83.$$

Calculant maintenant la surface S, qu'on trouvera égale à 8968^{mc}, nous pourrons écrire

$$EOJ = AOK - \frac{S}{10} = 10784^{mc},92 - 896^{mc},8 = 9888^{mc},12;$$

$$ROT = EOJ - \frac{S}{10} = 9888^{mc},12 - 896^{mc},8 = 8991^{mc},32;$$

et enfin,

$$OP = \sqrt{\frac{9888^{mc},12 \times 119^{m},83^{2}}{10784^{mc},92}} = 114^{m},63,$$

$$OQ = \sqrt{\frac{8991^{m},32 \times 119^{m},83^{2}}{10784^{mc},92}} = 109^{m},41.$$

On obtiendra d'une manière analogue QO et les distances des autres divisoires au point de concours O ; puis, à l'aide de simples soustractions, GP, PQ, etc.

Remarque. — Si l'on prévoit que le triangle FBC, dont on a la base CF et la hauteur BD, puisse excéder le dixième P, il conviendra, pour éviter des calculs inutiles, d'en extraire les parties qu'il contient, afin que le reste, s'il y en a un, forme un trapèze attenant à CF et complète le surplus des portions situées au-dessous de cette ligne.

38. — *Diviser en dix parties équivalentes un quadrilatère* *quelconque arpenté en prenant le plus grand côté pour base d'opération.*

On supposera toutes les parts aboutissant à l'un des côtés adjacents à la base, lequel sera divisé en dix parties égales, et l'on effectuera les calculs relatifs au partage à l'aide des lignes chaînées pour l'évaluation de la surface S. (Fig. 31).

Les perpendiculaires MB, NC et les segments de base AM, MN, ND étant les seules droites connues, il s'agit de déterminer les distances CJ, JK, KL,..... qui limitent avec les lignes égales BG, GH, HI,..... les parties demandées.

Recherchons d'abord les longueurs indispensables à nos calculs, telles que les perpendiculaires abaissées des points B, G, H, I,..... A sur DC et son prolongement CE.

Le triangle CND est rectangle : le théorème de Pythagore permet donc de trouver CD. Le triangle BCD égalant S — ABD, il est manifeste qu'en divisant sa surface, comme celle du triangle ACD, par $\frac{DC}{2}$, on aura les lignes BE et AF, desquelles on déduira facilement les perpendiculaires GO, HR..... D'ailleurs, chacune de ces dernières diffère de celle qui la précède ou la suit immédiatement du dixième de la différence existant entre BE et AF.

Les quantités précédentes une fois obtenues, on retranchera l'aire du triangle ACD de la surface S du quadrilatère, afin de connaître la valeur du triangle ABC, dont la base est, par hypothèse, divisée en dix parties égales. Joignant au sommet C les points G, H, I,...

par les lignes GC, HC, IC,... on formera dix triangles équivalents qui permettront d'effectuer la division avec la plus grande facilité. En effet, si l'on désigne par p le dixième de S, et par p' le triangle GBC, $p - p'$, ou le triangle GCJ, dont on a la hauteur et partant la base CJ, sera ce qu'il faut ajouter au triangle GBC pour que le quadrilatère GBGJ devienne la première partie.

Pour faire la deuxième, on remarquera que $2p - 2p'$ représentent la surface du triangle HCK. Divisant HCK par $\frac{HR}{2}$, on aura la base CK, de laquelle on retranchera CJ, ce qui donnera le côté inconnu JK de la deuxième partie.

La troisième s'obtiendra en retranchant $3p'$ de $3p$ et en divisant le reste, ou le triangle ICL, par la moitié de la perpendiculaire abaissée du point I sur DC. La différence entre le quotient et CK, c'est-à-dire KL, sera reportée sur le terrain à la suite de CJ et de JK, et le quadrilatère IHKL, différence entre trois dixièmes et deux dixièmes, sera la troisième partie.

On opèrera de même pour la troisième et les suivantes, et le problème sera résolu.

Application. — Supposons que l'on ait $AM = 30^m$, $MN = 114^m$, $ND = 10^m$, $MB = 108^m$ et $NC = 78^m$.

Il en résulte

$$S = ABM + MBCN + NCD = 12612^{mc};$$

$$ABD = \frac{AD \times MB}{2} = \frac{154^m \times 108^m}{2} = 8316^{mc};$$

$$BCD = S - ABD = 12612^{mc} - 8316^{mc} = 4296^{mc};$$

$$ACD = \frac{AD \times NC}{2} = \frac{154^m \times 78^m}{2} = 6006^{mc};$$

$$ABC = S - ACD = 12612^{mc} - 6006^{mc} = 6606;$$

A cause du triangle rectangle NCD, on a

$$CD = \sqrt{\overline{NC}^2 + \overline{ND}^2} = \sqrt{78^2 + 10^2} = 78^m,63;$$

par conséquent

$$BE = BCD : \frac{CD}{2} = 4296^{mc} : \frac{78^m,63}{2} = 107^m,91;$$

$$AF = ACD : \frac{CD}{2} = 6006^{mc} : \frac{78^m,63}{2} = 150^m,86.$$

Cherchant actuellement la longueur des perpendiculaires GO, HR, ..., qui diffèrent entre elles du dixième de (AF — BE), on obtient

$$GO = BE + \frac{AF - BE}{10} = 107^m,91 + \frac{43^m,95}{10} = 112^m,30;$$

$$HR = BE + \frac{2 \times (AF - BE)}{10} = 107^m,91 + \frac{2 \times 43^m,95}{10} = 116^m,70.$$

Mais comme la surface du triangle ABC égale 6606^{mc}, et que ce triangle est divisé en dix parties équivalentes par les lignes GC, HC, IC, on peut poser

$$GCJ = p \text{ ou } \frac{S}{10} - p' \text{ ou } \frac{ABC}{10} = 1261^{mc},2 - 660^{mc},6 = 600^{mc},6;$$

$$HCK = 2p - 2p' = 2522^{mc},4 - 1321^{mc},2 = 1201^{mc},2;$$

$$CJ = GCJ : \frac{GO}{2} = 600^{mc},6 : \frac{112^m,30}{2} = 10^m,69;$$

$$CK = HCK : \frac{HR}{2} = 1201^{mc},2 : \frac{116^m,70}{2} = 20^m,58.$$

De là on tire

$$JK = CK - CJ = 20^m,58 - 10^m,69 = 9^m,89.$$

On déterminera les autres inconnues de la même manière.

39.— *Diviser le quadrilatère* A D C B *en quatre parties équivalentes par des lignes perpendiculaires au plus grand côté* A B. (Fig. 32.)

Soit S la surface du quadrilatère, calculée après avoir mesuré les perpendiculaires E D, M C et les segments de base A E, E M, M B, et soient, par hypothèse, G L, H K, I J les lignes séparatives demandées.

Proposons-nous de trouver E G, G H, H I, qui sont les seules grandeurs à reporter sur le terrain, de E vers B, en G, H, I.

Pour cela prolongeons D C, A B jusqu'à leur point de concours F, et déterminons F E, base du triangle rectangle F D E, dont l'aire importe à la division.

La similitude des triangles F D E, F C M donne :

$$\frac{FE}{FM}=\frac{ED}{MC},$$

ou (*n*° 3),

$$\frac{FE}{FM-FE}=\frac{ED}{MC-ED};$$

on tire de là

$$FE=\frac{ED\times(FM-FE)}{MC-ED}=\frac{ED\times EM}{MC-ED}.$$

On peut donc évaluer la surface du triangle F D E. Ajoutant $\frac{S}{4}$— A D E, c'est-à-dire le trapèze E D L G, au triangle F D E, on aura la surface du triangle F L G. Or celui-ci est semblable au triangle F D E ; donc on a

$$\frac{\overline{FG}^2}{\overline{FE}^2}=\frac{FLG}{FDE};$$

d'où l'on déduit

$$FG = \sqrt{\frac{FLG \times \overline{FE}^2}{FDE}}.$$

Par suite $\quad EG = FG - FE.$

Déterminant comme précédemment FH, FI, il ne restera plus qu'à fixer les points G, H, I, où l'on élèvera les perpendiculaires GL, HK, IJ, qui achèveront le problème.

Application. — Supposons que l'on ait $ED = 30^m$, $MC = 60^m$, $AE = 7^m$, $EM = 58^m$ et $MB = 11^m$.

D'après ces données, la surface S, qui se compose des triangles ADE, MCB, et du trapèze EDCM, égale 3045^{mc}, dont le quart est $761^{mc},25$.

De plus,

$$FE = \frac{ED \times EM}{MC - ED} = \frac{30^m \times 58^m}{60^m - 30^m} = 58^m;$$

$$FDE = \frac{FE \times ED}{2} = \frac{58^m \times 30^m}{2} = 870^{mc};$$

$$ADE = \frac{AE \times ED}{2} = \frac{7^m \times 30^m}{2} = 105^{mc};$$

$$EDLG = \frac{S}{4} - ADE = 761^{mc},25 - 105^{mc} = 656^{mc},25.$$

Par conséquent

$$FLG = FDE + EDLG = 870^{mc} + 656^{mc},25 = 1526^{mc},25,$$

$$\text{et} \quad FG = \sqrt{\frac{FLG \times \overline{FE}^2}{FDE}} = \sqrt{\frac{1526^{mc},25 \times 58^2}{870^{mc}}} = 76^m,82.$$

On tire de là

$$EG = FG \quad FE = 76^m,82 - 58^m = 18^m,82.$$

On déterminera G H et H I d'une manière analogue.

40. — *Faire dix portions de bois d'égale contenance dans une coupe réglée ayant la forme d'un quadrilatère allongé.* (Fig. 33.)

Les coupes de taillis d'un bois aménagé n'étant séparées du reste de la futaie que par une laie ordinaire, on voit qu'on ne peut directement obtenir la longueur des perpendiculaires B K, C L, supposées menées à A D, par les points B et C. Néanmoins, comme ces lignes sont indispensables pour apprécier l'aire du quadrilatère et en faciliter le partage, il faut chercher le moyen de les déterminer.

A cet effet, on prendra à volonté deux points I, J, par où l'on tracera perpendiculairement à A D les fausses brisées EI, FJ, qu'on mesurera, ainsi que les distances BE, EF, FC, JD, IJ et AI; puis on abaissera, sur le croquis et sur A D, les perpendiculaires BK, CL, et on tracera BH, EG parallèlement à A D.

Cela fait, on prendra la différence FG entre FJ et EI, et on comparera entre eux les triangles semblables EFG, BCH, BEM, qui donnent

$$\frac{EM}{FG} = \frac{BE}{EF}, \quad \frac{BM}{EG} = \frac{BE}{EF}, \quad \frac{BH}{EG} = \frac{BC}{EF}, \quad \frac{CH}{FG} = \frac{BC}{EF};$$

d'où l'on tire

$$EM = \frac{BE \times FG}{EF},$$

$$BM = \frac{BE \times EG}{EF},$$

$$BH = \frac{BC \times EG}{EF},$$

$$CH = \frac{BC \times FG}{EF}.$$

Les longueurs EM, BM, BH, et CH étant calculées, on peut avoir BK, CL, et les segments de base AK, KL, LD, car BK = IE — EM, CL = BK + CH, AK = AI — KI = AI — BM, KL = BH et LD = (AI + IJ + JD) — (AK + KL).

La connaissance des perpendiculaires BK, CL et des lignes AK, KL, LD, rendant l'opération identique à la précédente, nous nous contenterons d'ajouter qu'après avoir reporté les distances respectives des divisoires de A vers D, on indiquera la direction des filets ou brisées qui doivent séparer les portions les unes des autres.

Application. — Supposons que EI = 78^m, FJ = 94^m, BE = 22^m, EF = 34^m, FC = 44^m, AI = 48^m, IJ = 28^m et JD = 68^m.

On a évidemment

EG = IJ = 28^m;

et FG = FJ — EI = 94^m — 78^m = 16^m;

de sorte que, d'après les formules ci-dessus,

$$EM = \frac{BE \times FG}{EF} = \frac{22^m \times 16^m}{34^m} = 10^m,35;$$

$$BM = \frac{BE \times EG}{EF} = \frac{22^m \times 28^m}{34^m} = 18^m,11;$$

$$BH = \frac{BC \times EG}{EF} = \frac{(22^m + 34^m + 44^m) \times 28^m}{34^m} = 81^m,76\,;$$

$$CH = \frac{BC \times FG}{EF} = \frac{(22^m + 34^m + 44^m) \times 16^m}{34^m} = 47^m,06.$$

De là on déduit

$BK = EI - EM = 78^m - 10^m,35 = 67^m,65\,;$

$CL = BK + CH = 67^m,65 + 47^m,06 = 114^m,71\,;$

$AK = AI - BM = 48^m - 18^m,11 = 29^m,89\,;$

$KL = BH = 81^m,76\,;$

$LD = (AI + IJ + JD) - (AK + KL) = 144^m - 111^m,65 = 32^m,35.$

Évaluant actuellement la surface des triangles ABK, LCD, et du trapèze KBCL, qui composent le quadrilatère ABCD, on a

$$ABK = \frac{AK \times BK}{2} = \frac{29^m,89 \times 67^m,65}{2} = 1011^{mc},03\,;$$

$$KBCL = \frac{BK \times CL}{2} = \frac{67^m,89 \times 114^m,71}{2} = 3893^{mc},83\,;$$

$$LCD = \frac{CL \times LD}{2} = \frac{114^m,71 \times 32^m,35}{2} = 1855^{mc},43.$$

Par conséquent

$S = 1011^{mc},03 + 3893^{mc},83 + 1855^{mc},43 = 6760^{mc},29$, dont le dixième, ou la valeur d'une portion, est $676^{mc},03$.

Pour le reste de l'opération, voyez le n° précédent.

1re REMARQUE. — Si le triangle ABK excède le dixième de la surface totale, on en extraira d'abord les portions qu'il renferme, afin de connaître l'étendue du trapèze attenant à BK, lequel sera complété par un trapèze contigu pris dans la partie KBCL.

La même observation s'applique au triangle LCD.

2e REMARQUE. — Si le taillis doit être mis en adjudication, on simplifiera la division précédente en se dispensant de rechercher au préalable l'aire du quadrilatère, et en formant des portions de diverses grandeurs, dont on appréciera l'étendue *véritable* par le réarpentage ou *récolement* qu'on fait toujours après l'ouverture des brisées, dans le but de donner au travail la précision qui lui manque nécessairement lorsqu'on indique la trace de ces dernières, et aussi pour remédier au défaut de parallélisme de quelques unes d'entre elles.

Pour cela, on tracera perpendiculairement à la sommière AD (*Fig.* 34) un filet quelconque JF, qu'on mesurera, et on divisera la contenance S assignée à chacune des portions par JF. Le quotient représentera les hauteurs égales JL et JO des rectangles auxiliaires LHFJ et JFKO. Mais ceux-ci différant trop des trapèzes provisoires LTFJ, JFSO, qu'on a coutume de régulariser en rapprochant leurs surfaces de l'égalité, il importera d'évaluer approximativement les triangles THF, FSK, et les distances LT, OS, afin d'augmenter LTFJ du trapèze MPTL, qui équivaudra presque au triangle THF, et de diminuer JFSO du trapèze NRSO, dont la contenance ne s'écartera guère de celle du triangle FSK : de cette manière, les aires des trapèzes définitifs MPFJ, JFRN seront rendues peu différentes l'une de l'autre.

Pour ce faire, on élèvera à JF une perpendiculaire FV de quelques mètres de longueur, cinq par exemple, et l'on mènera VX perpendiculairement à FV. Ensuite on chaînera VX, dont le cinquième, que nous nommerons *a*, sera la différence qui existe entre deux filets consécutifs supposés tracés à la distance d'un mètre.

Multipliant a par le nombre de mètres contenus dans JO ou JL, on aura TH et KS, de sorte qu'il deviendra aisé de connaître la surface des triangles THF, FSK, et les lignes TL, KO, qui égalent, la première, JF — TH, la deuxième, JF + KS. Divisant enfin THF, FSK par LT, SO, et considérant les quotients ML, NO comme hauteurs des trapèzes additif et soustractif MPTL, NRSO, on pourra déterminer les points M et N, par où l'on fera passer les brisées MP et NR, qui limiteront les deux premieres portions.

On suivra une marche analogue pour calculer les surfaces des trapèzes attenants aux portions précédentes et pour celles qui les suivront. Toutefois, pour ne pas s'exposer à diminuer outre mesure les deux dernières, il sera bon d'attendre que les brisées soient ouvertes pour réarpenter toutes les portions, quelles qu'elles puissent être, et subdiviser, s'il y a lieu, celles qui paraîtraient trop grandes.

Application. — Si l'on suppose que JF = 66^m, FV = 5^m, VX = 4^m, et que la surface de chaque portion atteigne environ 600^{mc}, on aura

$$\text{HF ou FK} = \frac{\text{LHFJ}}{\text{JF}} \text{ ou } \frac{\text{JFKO}}{\text{JF}} = \frac{600^{mc}}{76^m} = 9^m,09.$$

Mais le cinquième de la différence 4^m entre deux filets distants l'un de l'autre de 5^m est $0^m,80$; par conséquent

$$\text{TH ou KS} = 0^m,80 \times 9^m,09 = 7^m,272,$$

$$\text{LT} = \text{JF} - \text{TH} = 66^m - 2^m,272 = 63^m,728,$$

$$\text{OS} = \text{JF} + \text{KS} = 66^m + 2^m,272 = 68^m,272,$$

$$\text{THF ou FSK} = \frac{\text{TH} \times \text{HF}}{2} = \frac{7^m,272 \times 9^m,09}{2} = 33^m,05.$$

Comme la surface des triangles THF, FSK représente approximativement celle des trapèzes MPTL, NRSO, et qu'elle doit être divisée par LT et par OS, afin de déterminer ML et NO, on a

$$ML = \frac{33^m,05}{63^m,728} = 0^m,51,$$

$$NO = \frac{33^m,05}{68^m,272} = 0^m,48.$$

Par suite,

$$MJ = HF + ML = 9^m,09 + 0^m,51 = 9^m,60,$$

$$JN = FK - NO = 9^m,09 - 0^m,48 = 8^m,61.$$

CHAPITRE III

DIVISION DES POLYGONES IRRÉGULIERS

41. — *Diviser le polygone* ABCDEF *en deux portions équivalentes par une droite qui parte du point C.* (Fig. 35.)

Prenons AF pour base d'opération, et abaissons des points B, C, D, E, les perpendiculaires BH, CI, DJ, EG, qui décomposent le polygone en triangles et en trapèzes. Mesurons ces lignes, ainsi que les segments de base AH, HI, IJ, JF, FG, et calculons la surface S de la figure, qui égale ABCDEG, diminuée du triangle d'emprunt FEG. Cela fait, comparons $\frac{S}{2}$, valeur de chaque partie, à la surface ABCI, que nous trouvons plus petite d'une quantité représentant l'aire du triangle ICK. Divisant ICK par la moitié de la hauteur CI, nous aurons la base IK, qu'il nous restera à porter, sur le terrain, de I vers F, en K, et la division sera terminée.

Application. — Si l'on suppose qu'on ait trouvé les valeurs suivantes :

$$AH = 32^m, \ HI = 36^m, \ IJ = 36^m, \ JF = 16^m,$$

$FG = 16^m$, $BH = 68^m$, $CI = 60^m$, $DJ = 98^m$,

et $EG = 44^m$,

on aura

$$ABH = \frac{AH \times BH}{2} = \frac{32^m \times 68^m}{2} = 1038^{mc};$$

$$HBCI = \frac{(BH + CI) \times HI}{2} = \frac{(32^m + 60^m) \times 36^m}{2} = 1656^{mc};$$

$$ICDJ = \frac{(CI + DJ) \times IJ}{2} = \frac{(60^m + 98^m) \times 36^m}{2} = 2844^{mc};$$

$$JDEG = \frac{(DJ + EG) \times JG}{2} = \frac{(98^m + 44^m) \times 32^m}{2} = 2272^{mc};$$

$$FEG = \frac{EG \times FG}{2} = \frac{44^m \times 16^m}{2} = 352^{mc};$$

de sorte que la surface S du polygone sera

$$(1038^{mc} + 1656^{mc} + 2844^{mc} + 2272^{mc}) - 352^{mc} = 7458^{mc}.$$

Réunissant maintenant la surface du triangle ABH à celle du trapèze HBCI, et retranchant la somme 2694^{mc} de $\frac{S}{2}$ ou 3729^{mc}, on aura 1035^{mc} pour la surface du triangle complémentaire ICK. Il suit de là que $IK = ICK : \frac{CI}{2} = 1035^{mc} : \frac{60^m}{2} = 34^m,50$.

42. — *La propriété* ABDEFG *a été mesurée en prenant* AG *pour base d'opération. Comme elle contient 2 hectares 52 ares 77 centiares et qu'on veut la décomposer en sept parties dont les côtés* BL, LM, MN, ND, DO, OP, PE *soient conventionnellement* 41^m, 44^m, 36^m, $23^m,10$, 24^m, 38^m *et* $18^m,60$, *on propose de déterminer sur* AD *les distances* AQ, QR, RS, ST, TU *et* UV, *telles que* ABLQ *équivale à* $42^a,91$; QLMR, *à* $42^a,91$; RMNS, *à* $35^a,19$; SNDT, *à* 21^a,46; TDOU, *à* 21^a,46; UOPV, *à* 35^a,19 *et* VPEFG, *à* 53^a,65. (Fig. 36.)

Si l'on suppose que AK = 34^m, BK = 92^m, KJ = 144^m, DJ = 80^m, JI = 80^m, EI = 96^m, IH = 36^m, FH = 70^m et HG = 37^m,17, on aura :

ABK = 15^a,64; KBDJ = 123^a,84; JDEI = 70^a,40; IEFH = 29^a,88 et HFG = 13^a,01, ce qui donne bien 2^h,52^a,77^c.

La question se réduit donc à partager les trapèzes KBDJ et JDEI d'après la marche suivie au n° 33.

Pour cela, tirons d'abord LK, MK, NK et DK; évaluons ensuite la surface des triangles KDJ, KBD et cherchons à connaître celle des triangles KBL, KLM, KMN, KND, ainsi que les perpendiculaires supposées abaissées des points L, M, N sur AG.

Le triangle KDJ contenant 57^{a}60, et le trapèze KBDJ 123^{a}84, il est visible que KBD = KBDJ — KDJ = 123^a,84 — 57^a,60 = 66^a,24. Or les triangles KBL, KLM, KMN, KND ont même hauteur : donc leurs surfaces sont proportionnelles à leurs bases respectives 41^m, 44^m, 36^m, 23^m,10, et on peut écrire (*Note du n°* 6.)

$$KBL = \frac{66^a,24 \times 41^m}{144^m,10} = 18^a,8467;$$

$$KLM = \frac{66^a,24 \times 44^m}{144^m,10} = 20^a,2259;$$

$$KMN = \frac{66^a,24 \times 36^m}{144^m,10} = 16^a,5485;$$

$$KND = \frac{66^a,24 \times 23^m,10}{144^m,10} = 10^a,6186;$$

Pour obtenir les perpendiculaires x, x', x'', abaissées des points N, M, L sur AG, divisons 12^m, différence des perpendiculaires BK et DJ, par BD ou $144^m,10$, puis multiplions le quotient par $23^m,10$, par 36^m et par 44^m; nous aurons $1^m,92$, 3^m et $3^m,66$; de sorte que

$$x = 80^m + 1^m,92 = 81^m,92;$$

$$x' = 81^m,92 + 3^m = 84^m,92;$$

$$x'' = 84^m,92 + 3^m,66 = 88^m,58.$$

Cela posé, réunissons les surfaces des triangles ABK et KBL; leur somme $34^a,4867$ diffère de $42^a,91$, valeur de ABLQ, d'une quantité égale à $8^a,4233$. Mais celle-ci représentant la surface du triangle KLQ, on voit qu'en divisant $8^a,4233$ par $\frac{x''}{2}$, on aura $19^m,01$ pour longueur du segment de base KQ : le quadrilatère ABLQ, qui compose la première partie, peut dont être limité.

Le quadrilatère adjacent, QLMR, est aussi de $42^a,91$ centiares. Si on l'ajoute à KBLQ, qui égale $42^a,91$ — ABK, ou $27^a,27$, on aura $70^a,18$, c'est-à-dire la surface du quadrilatère KBMR. Mais KBM = KBL + KLM = $39^a,0726$; donc KMR = $70^a,18$ — $39^a,0726$ = $31^a,1074$, et KR = $31^a,1074$: $\frac{x'}{2}$ = $70^m,43$.

La surface assignée à RMNS étant $35^a,19^c$, le quadrilatère KBNS contiendra $70^a,18^c + 35^a,19^c = 105^a,37$. Par suite KNS = KBNS — (KBM + KMN) = $105^a,37$

$-55^a{,}6211 = 49^a{,}7489$, et $KS = 49{,}7489 : \frac{x}{2} = 121^m{,}45$.

Pareillement $KBDT = KBNS + SNDT = 105^a{,}37 + 21^a{,}46 = 126^a{,}83$; donc $KDT = KBDT - (KBN + KND) = 126^a{,}83 - (55^a{,}6211 + 10^a{,}6186) = 60^a{,}5903$; de là on tire $KT = 60^a{,}5903 : \frac{DJ}{2} = 151^m{,}47$.

Passons au trapèze JDEI, dont le côté DE est divisé en segments connus par les points O et P.

Comme plus haut, joignons, sur le croquis, E, P, O, au point T; calculons JDT, TEI, TDE; partageons en outre TDE proportionnellement à DO, OP, PE, afin d'être fixé sur l'étendue des triangles auxiliaires TDO, TOP, TPE, et déterminons les perpendiculaires, y, y', supposées abaissées des points O et P sur AG.

$JT = KT - KJ = 151^m{,}47 - 144^m = 7^m{,}47$ et

$$JDT = \frac{80^m \times 7^m{,}47}{2} = 2^a{,}988.$$

Le triangle $TEI = \frac{EI \times (JI - JT)}{2} = \frac{96^m \times 72^m{,}53}{2} = 34^a{,}8144$.

Le triangle $TDE = JDEI - (JDT + TEI) = 70^a{,}40 - (2^a{,}988 + 34^a{,}8144) = 32^a{,}5976$.

Partageant TDE proportionnellement aux bases 24^m, 38^m et $18^m{,}60$, on a $TDO = 9^a{,}7064$, $TOP = 15^a{,}3685$ et $TPE = 7^a{,}5225$.

Enfin, divisant par DE la différence 16^m qui existe entre DJ et EI, puis multipliant le quotient par 24^m et par 38^m, on a $4^m{,}75$ et $7^m{,}53$, ce qui donne

$$y = 80^m + 4^m{,}75 = 84^m{,}75,$$

$$y' = 84^m{,}75 + 7^m{,}53 = 92^m{,}28.$$

Les données précédentes obtenues, nous pouvons écrire

$$TOU = TDOU - TDO = 21^a,46 - 9^a,7064 = 11^a,7536\,;$$

d'où l'on tire

$$TU = TOU : \frac{y}{2} = 11^a,7536 : \frac{84^m,75}{2} = 27^m,76.$$

Ajoutant UOPV, ou $35^a,19$, à TDOU, il vient

$$TDPV = 21^a,46 + 35^a,19 = 56^a,65\,;$$

d'où l'on déduit d'abord

$$TPV = TDPV - (TDO + TOP) = 56^a,65 - 25^a,0749$$
$$= 31^a,5751\,;$$

puis

$$TV = TPV : \frac{y'}{2} = 31^a,5751 : \frac{92^m,28}{2} = 68^m,43.$$

Maintenant que nous connaissons les distances KQ, KR, KS, KJ, KT, TU et TV, il est facile, par de simples soustractions, d'avoir QR, RS, ST, TU et UV, qu'on reportera sur le terrain, de K vers G, en Q, R, S, T, U, V, où l'on placera des bornes en présence des intéressés.

Remarque. — Ayant employé des nombres concrets, afin de faire ressortir les avantages incontestables de notre théorie des quadrilatères, nous nous dispenserons d'une application spéciale, qui, en définitive, serait la reproduction abrégée des calculs précédents.

43. — *Partager la propriété* A U B C D E F G *en trois parties équivalentes par des lignes de division partant des points* Y *et* C, *situés sur le côté* BC. (Fig. 37.)

Après avoir planté des jalons aux angles du terrain et aux endroits de la courbe A U B où les sinuosités sont le plus sensibles, on tracera l'alignement A E, et l'on abaissera sur cette base d'opération les perpendiculaires G I, B K, Y J, C L, F M et D N, qu'on mesurera, ainsi que leurs distances respectives A I, I K, K J, J L, L M, M N et N E. Les traverses ou petites perpendiculaires élevées le long de A B, pour décomposer en triangles et en trapèzes la tranche mixtiligne A U B, étant également chaînées, on évaluera la surface S de la figure, dont le tiers représentera la valeur de chaque partie. Puis on prolongera, sur le croquis figuratif, les perpendiculaires B K, Y J jusqu'à la rencontre du côté G F, et l'on tracera F R parallèlement à A E, afin de déterminer les triangles semblables O S F, H T F, G R F, qui donnent

$$\frac{OS}{GR}=\frac{SF}{RF}, \qquad \frac{HT}{GR}=\frac{TF}{RF},$$

c'est-à-dire, en remplaçant G R, S F, R F et T F par des valeurs correspondantes,

$$\frac{OS}{GI-MF}=\frac{JM}{IM}, \qquad \frac{HT}{GI-MF}=\frac{KM}{IM};$$

de là on tire

$$OS=\frac{JM\times(GI-MF)}{IM},$$

$$HT=\frac{KM\times(GI-MF)}{IM}.$$

Comme O S et H T sont les prolongements des lignes S J et T K, dont la longueur équivaut à M F, il est visible qu'on peut connaître Y O et B H, et par suite l'aire du trapèze H B Y O, qu'on ajoutera à celle des triangles et trapèzes contenus dans la partie G A U B H. Si l'on trouve que le polygone A U B Y O G soit plus grand que $\frac{S}{3}$ d'une quantité P Y O, on le réduira à sa juste valeur en abaissant du point Y une perpendiculaire sur G F, et en divisant la surface du triangle P Y O par la moitié de cette perpendiculaire. Le quotient, porté de O vers G, permettra de fixer le point P, et le polygone G A U B Y P sera la première partie.

Pour obtenir la deuxième, on prolongera C L jusqu'en X, et on calculera X V par la comparaison des triangles semblables G R F, X V F, qui fournissent

$$\frac{XV}{GR}=\frac{VF}{RF},$$

ou

$$\frac{XV}{GI-MF}=\frac{LM}{IM},$$

d'où l'on déduit

$$XV=\frac{LM\times(GI-MF)}{IM}.$$

La ligne X V étant déterminée, on aura C X, car L V = M F ; on pourra donc évaluer la surface du trapèze O Y C K et la réunir à celle du triangle P Y O, afin d'avoir la contenance du quadrilatère P Y C X. Mais celui-ci surpassant $\frac{S}{3}$, on divisera l'excédant QCX par la moitié de la perpendiculaire qu'on abaissera du point C sur GF, et l'on portera le quotient de X vers G, en Q, ce qui limitera le quadrilatère PYCQ, deuxième part.

La troisième se composera du reste QCDEF.

Application. — Supposons que l'on ait $AI = 12^m$, $IK = 10^m$, $KJ = 18^m$, $JL = 44^m$, $LM = 26^m$, $MN = 12^m$, $NE = 14^m$, $DN = 26^m$, $MF = 32^m$, $CL = 42^m$, $YJ = 40^m,25$, $BK = 40^m$ et $GI = 62^m$. Supposons aussi, pour simplifier nos calculs, que la tranche AUB contienne 250^{mc}, et que les perpendiculaires x, x', abaissées des points Y et C sur GF, soient respectivement de 92^m et de 80^m.

Évaluons d'abord la surface des triangles et trapèzes contenus dans le polygone ABCDEFG.

$$ABK = \frac{AK \times BK}{2} = \frac{22^m \times 40^m}{2} = 440^{mc};$$

$$KBCL = \frac{(BK + CL) \times KL}{2} = \frac{(40^m + 42^m) \times 62^m}{2} = 2542^{mc};$$

$$LCDN = \frac{(CL + DN) \times LN}{2} = \frac{(42^m + 26^m) \times 38^m}{2} = 1292^{mc};$$

$$NDE = \frac{DN \times NE}{2} = \frac{26^m \times 14^m}{2} = 182^{mc}$$

$$FME = \frac{FM \times ME}{2} = \frac{32^m \times 26^m}{2} = 416^{mc},$$

$$GIMF = \frac{(GI + FM) \times IM}{2} = \frac{(62^m + 32^m) \times 98^m}{2} = 4116^{mc};$$

$$AIG = \frac{AI \times GI}{2} = \frac{12^m \times 62^m}{2} = 372^{mc}.$$

Réunissant ces surfaces à celle de AUB, on obtient 9610^{mc} pour la surface totale de la propriété; de sorte que la valeur de chaque partie est $\frac{9610^{mc}}{3} = 3203^{mc},33$.

D'autre part, si l'on substitue des nombres aux quantités qui expriment OS, HT et XV, il vient

$$OS = \frac{JM \times (GI - MF)}{IM} = \frac{70^{m} \times (62^{m} - 32^{m})}{98^{m}} = 21^{m},42;$$

$$HT = \frac{KM \times (GI - MF)}{IM} = \frac{88^{m} \times (62^{m} - 32^{m})}{98^{m}} = 28^{m},98;$$

$$XV = \frac{LT \times (GI - MF)}{IM} = \frac{26^{m} \times (62^{m} - 32^{m})}{98^{m}} = 7^{m},96;$$

Par conséquent

$$YO = YJ + MF + OS = 40^{m},25 + 32^{m} + 21^{m},42 = 93^{m},69;$$

$$BH = BK + MF + HT = 40^{m} + 32^{m} + 28^{m},98 = 100^{m},98;$$

$$CX = CL + MF + XV = 42^{m} + 32^{m} + 7^{m},96 = 81^{m},96;$$

$$GIKH = \frac{IK \times (GI + KH)}{2} = \frac{10^{m} \times (62^{m} + 32^{m} + 28^{m},98)}{2} = 614^{mc},90;$$

$$HBYO = \frac{KJ \times (BH + YO)}{2} = \frac{18^{m} \times (100^{m},98 + 96^{m},98)}{2} = 1779^{mc},30;$$

$$OYCX = \frac{JL \times (YO + CX)}{2} = \frac{54^{m} \times (96^{m},73 + 81^{m},96)}{2} = 4824^{mc},63.$$

Le polygone AUBYOG contient donc

$$250^{mc} + 440^{mc} + 372^{mc} + 614^{mc},90 + 1779^{mc},30 = 3456^{mc},20.$$

Comme la valeur de chaque partie est $3203^{mc},33$, on a

$$PYO = 3456^{mc},20 - 3203^{mc},33 = 252^{mc},87;$$

de là on tire

$$PO = 252^{mc},87 : \frac{x}{2} = 8^{m},49.$$

Enfin, PYO et OYCX valant ensemble $5077^{mc},50$, on peut poser

$$5077^{mc},50 - 3203^{mc},33 = 1874^{mc},17,$$

d'où l'on déduit

$$OX = 1874^{mc},17 : \frac{x'}{2} = 46^{m},87.$$

Remarque. — Si un obstacle quelconque empêche d'abaisser des perpendiculaires des points Y et C sur GF, on tracera, sur le canevas, les diagonales OC, YX, et l'on cherchera l'aire des triangles OYX, OCX, dont on a les bases YO, CX et la hauteur commune JL. Puis on calculera OX, hypoténuse du triangle rectangle XZO, formé en menant XZ parallèlement à VS, et l'on divisera la surface des triangles précités par $\frac{OX}{2}$: le quotient donnera la longueur des perpendiculaires qu'on ne peut mesurer sur le terrain.

44. — *Diviser le polygone* ABCDEFG *en quatre parties équivalentes par des lignes parallèles au côté* DE. (Fig. 38).

La marche à suivre pour évaluer la surface S du polygone important aux calculs, on prendra pour base d'opération la ligne AK, qui a été tracée de manière à former un angle droit avec le côté DE, et l'on abaissera des points B, C, F, G les perpendiculaires BS, CR, QF, PG. Ces lignes chaînées, on prolongera, sur le croquis, CR, QF, BS, PG, et l'on déduira des mesures effectives les distances RL, YQ, ST, VP, qui permettent de calculer les aires des trapèzes LCDE, FYCL, TBYF, GVBT et du triangle GAV, dont l'ensemble compose la surface S.

Cela posé, on comparera l'étendue du trapèze LCDE à $\frac{S}{4}$, afin de connaître celle du trapèze additionnel MJCL, et de pouvoir déterminer RX. Comme la ligne JM divise FYCL en deux parties proportionnelles aux nombres exprimant les surfaces des trapèzes FYJM et MJCL, il sera facile d'obtenir la longueur de cette ligne d'après les principes du nº 27, de sorte qu'en divisant MJCL par la demi-somme des bases JM, CL, on aura RX. Reportant maintenant sur le terrain KR et RX de K vers A, en X, il restera à élever à KA la perpendiculaire MJ, qui limitera la première partie.

Pour la deuxième, on cherchera l'excédant FYIN du trapèze FYJM sur $\frac{S}{4}$, et l'on déterminera comme précédemment la divisoire IN, qui partage le trapèze FYJM proportionnellement aux surfaces FYIN, NIJM. Divisant ensuite FYIN par $\frac{FY+IN}{2}$, on aura QU et par suite UX, qu'on reportera de X en U, où l'on élèvera la perpendiculaire IN, extrémité de la deuxième partie.

La troisième s'obtiendra en réunissant les trapèzes FYIN, TBYF, et en soustrayant leur somme de $\frac{S}{4}$, ce qui donnera l'aire du trapèze OHBT, qu'on prendra dans le trapèze GVBT. Ayant calculé HO et SZ, on reportera celle-ci à la suite de QU et QS, en Z, où l'on mènera la perpendiculaire HO, qui achèvera le problème.

Application. — Admettons que $AP = 8^m$, $PS = 23^m$, $SQ = 7^m$,

QR = 39^m^, RK = 22^m^, BS = 28^m^, PG = 30^m^, QF = 33^m^, CR = 17^m^, DK = 24^m^ et KE = 24^m^.

D'après notre méthode, avec laquelle on doit être familiarisé, on déduit aisément RL, YQ, ST et VP des distances chaînées.

En effet

$$RL = KE + \frac{(QF - KE) \times RK}{QK} = 24^m + \frac{(33^m - 24^m) \times 22^m}{61^m} = 27^m,24\,;$$

$$YQ = CR + \frac{(BS - CR) \times SQ}{SR} = 17^m + \frac{(28^m - 17^m) \times 7^m}{46^m} = 18^m,67\,;$$

$$ST = PG + \frac{(QF - PG) \times SQ}{PQ} = 30^m + \frac{(33^m - 30^m) \times 7^m}{30^m} = 30^m,70\,;$$

$$VP = \frac{AP \times BS}{AS} = \frac{8^m \times 28^m}{31^m} = 7^m,22.$$

De là résulte

$$CL = CR + RL = 17^m + 27^m,24 = 44^m,24\,;$$

$$YF = YQ + QF = 18^m,67 + 33^m = 51^m,67\,;$$

$$BT = BS + ST = 28^m + 30^m,70 = 58^m,70\,;$$

$$VG = VP + PG = 7^m,22 + 30^m = 37^m,22.$$

Connaissant les bases des trapèzes LCDE, FYCL, TBYF, GVBT, et du triangle GAV, on a

$$LCDE = \frac{(CL + DE) \times RK}{2} = \frac{(44^m,24 + 48^m) \times 22^m}{2} = 1014^{mc},64\,;$$

$$FYCL = \frac{(YF + CL) \times QR}{2} = \frac{(51^m,67 + 44^m,24) \times 39^m}{2} = 1870^{mc},24\,;$$

$$TBYF = \frac{(BT + YF) \times SQ}{2} = \frac{(58^m,70 + 51^m,67) \times 7^m}{2} = 386^{mc},99\,;$$

$$GVBT = \frac{(VG + BT) \times PS}{2} = \frac{(58^{m},70 + 37^{m},22) \times 23^{m}}{2} = 1103^{mc},08;$$

$$GAV = \frac{VG \times AP}{2} = \frac{37^{m},22 \times 28^{m}}{2} = 148^{mc},88,$$

de sorte que $S = 1014^{mc},64 + 1870^{mc},24 + 386^{mc},99 + 1103^{mc},08 + 148^{mc},88 = 4523^{mc},83$, et $\frac{S}{4} = 1130^{mc},95$.

Possédant les éléments du partage, nous pouvons supposer le problème résolu et écrire

$$MJCL = \frac{S}{4} - LCDE = 1130^{mc},95 - 1014^{mc},64 = 116^{mc},31;$$

$$FYJM = FYCL - MJCL = 1870^{mc},24 - 116^{mc},31 = 1753^{mc},93.$$

Mais JM étant parallèle aux bases YF et CL du trapèze FYCL, peut être considérée comme divisant ce trapèze en deux parties proportionnelles aux surfaces $116^{mc},31$ et $1753^{mc},69$; donc, d'après la règle générale du n° 27

$$JM = \sqrt{\frac{MJCL \times \overline{YF}^2 + FYJM \times \overline{CL}^2}{MJCL + FYJM}}$$

$$= \sqrt{\frac{116,31 \times 51,67^2 + 1753,69 \times 44,24^2}{116,31 + 1753,59}} = 44^{m},73.$$

Par suite :

$$XR = MJCL : \frac{JM + CL}{2} = 116^{mc},31 : \frac{44^{m},73 + 44^{m},24}{2} = 2^{m},61.$$

Pour la 2^e^ partie, nous avons

$$FYIN = FYJM - \frac{S}{4} = 1753^{mc},93 - 1130^{mc},95 = 622^{mc},98.$$

Or $$NIJM = \frac{S}{4} = 1130^{mc},95;$$

donc $IN = \sqrt{\frac{NIJM \times \overline{YF}^2 + FYIN \times \overline{JM}^2}{NIJM + FYIN}}$

$= \sqrt{\frac{1130,95 \times 51,67^2 + 622,98 \times 44,73^2}{1130,95 + 622,98}} = 49^m,32,$

et $UX = NIJM : \frac{IN + JM}{2} = 1130^{m.c},95 : \frac{49^m,32 + 44^m,73}{2} = 24^m,04.$

On opèrera de même pour la 3ᵉ partie.

45. — *Partager le bois* FXUVOKPTER *en trois parties équivalentes par des divisoires tirées des points* K *et* O, (Fig. 39.)

Évaluons d'abord la surface du bois.

A cet effet, menons AD tangentiellement aux sommets des angles XFR, RET. Construisons le rectangle ABCD, dont les côtés touchent la figure en X, K, T. Abaissons sur AD la perpendiculaire RG, et sur BC les perpendiculaires UN, VM, OL, JP. Mesurons ces lignes, ainsi que les subdivisions BN, NM, ML,..... des côtés du rectangle. Calculons ensuite les surfaces des triangles et trapèzes compris entre les limites du bois et celles du rectangle ABCD, et soustrayons de la surface de ce dernier les parties négatives ou vides XBNU, UNMV,... La surface S du polygone inaccessible étant ainsi obtenue, achevons de rassembler les éléments de la division en joignant, sur le croquis, KE, KR, OR, OF, et en traçant OI, RH parallèlement à AD.

Cela posé, il est visible qu'on peut directement apprécier l'étendue du rectangle GRHD et des trapèzes EKCD, RKCH, car RH = GD et DH = GR. Or, le quadrilatère EKPT est égal au trapèze EKCD diminué de KJP, PJCT et TDE : donc $\frac{S}{3}$ — EKPT = SKE. Comme il est impossible d'abaisser une perpendiculaire du point K sur la base RE, on déterminera RKE, qui équivaut à GRHD + RKCH — (GRE + EKCD), et on divisera RKE par la moitié de RE, hypoténuse du triangle rectangle GRE : le quotient ou la perpendiculaire cherchée permettra d'obtenir ES, que l'on portera, sur le terrain, de E vers R, en S, où se termine la première partie.

Pour faire la deuxième, on évaluera la surface du rectangle OLCI et des trapèzes FOID, ROIH, dont on a les dimensions essentielles. Réunissant GRHD, ROIH, OLCI, et défalquant de leur somme OLK, KJP, PJCT, ETD, GRE, on aura l'aire du polygone ROKPTE, qu'on soustraira de $\frac{2S}{3}$, afin de connaître la surface du triangle complémentaire QOR. Mais la perpendiculaire supposée abaissée du point O sur FR étant indispensable pour exprimer la longueur de la base RQ, on calculera FOR, qui égale FOID — (FRG + GRHD + ROIH), et l'on divisera FOR par la moitié de FR, hypoténuse du triangle rectangle FRG. La ligne RQ trouvée, on la reportera de R vers F, en Q, et le pentagone QOKSR, différence entre deux tiers et un tiers de la propriété, formera la deuxième partie.

La troisième se composera du polygone restant FXUVOQ.

Application. — Si AD = 130^{m} et que DC soit de 56^{m}, le rectangle ABCD contiendra 7280^{mc}. Mais la surface du bois étant l'excès de ce rectangle sur les parties négatives, évaluons celles-ci et classons-les méthodiquement dans le tableau ci-dessous.

TRAPÈZES	BASES	HAUTEURS	SURFACES	SOMMES PARTIELLES
PJCT	JP = 11m CT = 34m	JC = 14m	315mc	
VMLO	MV = 5m LO = 20m	ML = 16m	200mc	995mc
UNMV	NU = 11m MV = 5m	NM = 22m	176mc	
XBNU	BX = 27m NU = 11m	BN = 16m	304mc	
TRIANGLES				
AXF	AF = 12m	XA = 29m	174mc	
FRG	FG = 50m	RG = 10m	250mc	
GRE	GE = 41m	RG = 10m	205mc	1438mc
ETD	ED = 27m	TD = 22m	297mc	
KJP	KJ = 24m	JP = 11m	132mc	
OLK	LK = 58m	LO = 20m	580mc	
S égale donc 7280mc — 2433mc = 4847mc.				Total. . 2438mc

Actuellement on a

$$GRHD = RG \times (GE + ED) = 10^m \times (41^m + 27^m) = 680^{mc};$$

$$EKCD = \frac{(KC + ED) \times DC}{2} = \frac{(24^m + 14^m + 27^m) \times 56^m}{2} = 1820^{mc};$$

$$RKCH = \frac{(KC + RH) \times CH}{2} = \frac{(24^m + 14^m + 41^m + 27^m) \times (56^m - 10^m)}{2}$$
$$= 2438^{mc};$$

$$EKPT = EKCD - (KJP + PJCT + ETD) = 1820^{mc} - 744^{mc}$$
$$= 1076^{mc};$$

$$RKE = GRHD + RKCH - (GRE + EKCD) = 3118^{mc} - 2025^{mc} = 1093^{mc};$$

$$SKE = \frac{S}{3} - EKPT = 1615^{mc},66 - 1076^{mc} = 539^{mc},66;$$

$$RE = \sqrt{\overline{RG}^2 + \overline{GE}^2} = \sqrt{10^2 + 41^2} = 42^{m},20.$$

Divisant RKE par $\frac{RE}{2}$, ou $539^{mc},66$ par $\frac{42^{m},20}{2}$, on obtiendra $51^{m},80$ pour la longueur de la perpendiculaire qu'on ne peut abaisser du point K sur RE. Par suite

$$ES = SKE : \frac{51^{m},80}{2} = 539^{mc},66 : \frac{51^{m},80}{2} = 20^{m},83.$$

On opèrera de la même manière, tout en se conformant aux indications de la solution, pour déterminer la longueur RQ.

46. *Diviser en portions d'une contenance de six à huit ares une coupe de basse futaie* ABCDEFGHIJKLMN. (Fig. 40.)

Ayant reconnu que les brisées de séparation peuvent commodément s'établir dans un sens perpendiculaire au plus grand côté LK, on ouvrira, en un point quelconque S, le filet de balance SO faisant angle droit avec LK. On mesurera SO, et si cette ligne contient de 100 à 125 mètres, on pourra en prendre la moitié, afin de former deux séries de portions séparées par la sommière PQ, qu'on mènera perpendiculairement à OS. Ensuite on divisera sept ares, étendue moyenne des portions, par OR, ou RS, et l'on reportera le quotient de R vers P et de R vers Q, en *a*, *b*, *c*, *d*, *e*, *f*, où l'on indiquera la trace des brisées, qui devront être perpendiculaires à PQ, autant que faire se peut. Celles-ci ouvertes, on procèdera au réarpentage général, qui seul permet d'assigner aux portions leur contenance réelle.

Dans ce but, on chaînera toutes les brisées, sur lesquelles on abaissera, comme dans un arpentage ordinaire, les perpendiculaires que montre la figure, et qui sont indispensables pour décomposer chaque portion en triangles et en trapèzes. Mesurant avec soin les bases et les hauteurs de ces derniers, on pourra calculer rigoureusement leurs surfaces, et par suite obtenir la grandeur positive des portions. On terminera l'opération en subdivisant, par un filet *gh*, le polygone J*f*QGHI qui a été trouvé trop grand.

Telle est la marche à suivre pour asseoir les lots de taillis dans une situation donnée.

Toutefois, comme la configuration très-sinueuse et accidentée des coupes modifie légèrement les procédés relatifs à leur décomposition en parcelles, nous terminerons notre travail par deux cas qui résument les principales difficultés que l'on rencontre dans la pratique.

Application. — Si OS = 120^m, RS et OR contiendront 60^m. Par suite, *a*R, *ba*, *cb*, R*d*, *de*, *ef*, *fg* égaleront 700^{mc} : 60 = 11^m,67.

47. — *Soit la coupe* ABCDE, *dont la largeur varie entre 40 et 70 mètres, à diviser en portions par des brisées parallèles au côté* AB. (Fig. 41.)

Fixé sur la direction des filets séparatifs, et sachant que la largeur de la coupe ne permet point d'établir deux séries de portions, on mesurera AB, et l'on divisera par cette ligne la contenance S qu'on veut donner à chacune d'elles. Le quotient, pouvant être pris pour hauteur des quatre ou cinq premières, sera reporté sur un *faux filet* *fg*, qu'on tracera perpendiculairement à AB, afin de pouvoir indiquer la trace des brisées parallèles qui passent en L, M, N, O, *g*. Cela fait, on ouvrira et on chaînera la brisée PQ, qu'on devine être plus courte que les précédentes; puis on cherchera le quotient de la division de S par PQ, pour le reporter le long d'un second faux-filet *h* J, seulement en R, S, *i*, attendu que les brisées qu'on fera passer par ces points différeront sensiblement l'une de l'autre, et qu'il sera difficile d'en estimer approximativement la longueur. Ouvrant enfin TK, nouveau diviseur de S, et continuant comme plus haut, on arrivera sans peine au point J, par où passe la dernière brisée perpendiculaire à *h* J. L'opération étant alors terminée, on attendra que les brisées soient ouvertes pour venir réarpenter les portions d'après la règle prescrite au n° 46, et subdiviser, s'il y a lieu, celles qui excéderaient S, c'est-à-dire le minimum de contenance arrêté entre l'arpenteur et le propriétaire.

Application. — Supposons que la grandeur moyenne des portions soit de 5 ares, et que BA contienne 43^m.

On divisera 500^{mc} par 43^m, et on reportera le quotient $11^m,62$ sur le faux-filet *fg*, en L, M, N, O et *g*, où l'on indiquera la trace des brisées; puis on ouvrira et on mesurera PQ, qui peut avoir 28^m, et on continuera l'opération comme elle a été commencée.

48. *Établir quatre séries de portions dans la coupe de taillis* ABCDEFGHIJ. (Fig. 42.)

Après avoir parcouru le périmètre de la coupe et apprécié l'avantage de s'appuyer sur la droite AJ, on prendra un point quelconque K, par où l'on tracera perpendiculairement à AJ le filet de balance KL, dont on cherchera la longueur. Ayant partagé cette ligne en quatre parties égales KO, ON, NM, ML, on ouvrira les laies sommières QP, SR, TU, qui sont perpendiculaires à KL et l'on divisera la surface S de chaque portion par le quart de KL : le quotient, qui représente la hauteur de la plupart des rectangles contenus dans les séries, sera reporté sur la sommière SR, en *a*, *b*, *c*, *d*, et en *e*, *f*, *g*, *h*, points par lesquels on mènera les brisées parallèles qu'on aperçoit sur la figure. Quant à celles qui ne correspondent pas dans toute l'étendue de la coupe, nous dirons qu'un examen attentif des sinuosités du bois oblige toujours l'arpenteur ou de diviser séparément les extrémités des séries, ou d'attendre l'époque du réarpentage général pour subdiviser les portions trop grandes, qu'on peut alors réduire à leur juste valeur.

Application. — Soit KL = 184m, et S = 600mc.

Ayant donné à KO, ON et NM le quart de 184m ou 46m, on ouvrira perpendiculairement à KL les sommières QP, SR et TU ; puis on divisera 600mc par 46m, et on portera le quotient 13m,04 de N vers S, en *e*, *f*, *g*, *h*, et de N vers I, en *a*, *b*, *c*, *d*. Enfin on indiquera la trace des filets séparatifs, qu'on vérifiera à l'époque du réarpentage général et de la subdivision de quelques portions reconnues trop grandes.

APPENDICE

§ I. — Note relative à l'évaluation de la surface d'un Triangle inaccessible.

49. — *L'aire d'un triangle quelconque égale la racine carrée du produit de quatre facteurs, dont l'un est le demi-périmètre, et les trois autres, les restes obtenus en retranchant de ce demi-périmètre successivement chacun des côtés.* (Fig. 43.)

1re SOLUTION. — Soient a, b, c, les côtés BC, CA, AB du triangle ABC, et $2p$ son périmètre $(a+b+c)$. Je dis que la surface cherchée $S=\sqrt{p(p-a)(p-b)(p-c)}$.

Pour le démontrer, menons les bissectrices AO, BO des angles A, B du triangle et abaissons de leur point de concours les perpendiculaires OE, OI, OF; tirons aussi CO. D'après la propriété de la bissectrice, OE $=$ OF et OE $=$ OI; donc OF $=$ OI, et CO est la bissectrice de l'angle C.

Les bissectrices AO, BO, CO décomposent le triangle

ABC en trois triangles OBC, OCA, OAB, dont les aires sont respectivement

$$\frac{BC}{2} \times OI, \frac{AC}{2} \times OF, \frac{AB}{2} \times OE,$$

ou

$$\frac{a}{2} \times FO, \frac{b}{2} \times FO, \frac{c}{2} \times FO,$$

de sorte que l'aire de $ABC = \frac{a+b+c}{2} \times FO = p \times FO.$

Le demi-périmètre p étant connu, il nous reste à exprimer FO en fonction des trois côtés.

A cet effet, prolongeons AB, AO, AC et menons la bissectrice BH de l'angle extérieur DBC; joignons CH et abaissons du point H les perpendiculaires HD, HM, HK. D'après la propriété de la bissectrice, $HD = HM$ et $HD = HK$; donc $HM = HK$ et CH est la bissectrice de l'angle BCK. Comparant maintenant les triangles adjacents aux bissectrices, on trouve que $AE = AF$, $CI = CF$, $BE = BI$, $BD = BM$, $CM = CK$, $AD = AK$, et partant que BE ou $BI = CM$ ou CK[1]. De plus, AK équivaut au demi-périmètre, car $2p = AE + AF + CF + CI + BI + BE$, ou, à cause des égalités précédentes, $2p = 2AF + 2CF + 2CK$; d'où $p = AK$.

Les parties dont se compose AK peuvent aussi

[1] Il est visible que $AE + BE + BD = AF + CF + CK$. Or $BD = BM$ ou $BI + IM$, et $CF = CI$ ou $CM + IM$; donc $AE + BE + BI + IM = AF + IM + CM + CK$, ou, réduisant, $BE + BI$ ou $2BI = CM + CK$ ou $2CK$, ce qui donne $BI = CK$.

être exprimées par des quantités connues. En effet,

$$CK = AK - AC = p - AC = p - b;$$

$$CF = AK - (AF + CK) = p - (AE + EB) = p - c;$$

$$AF = AK - (CF + CK) = p - (CI + BI) = p - a.$$

Cela posé, les deux triangles semblables AKH, AFO donnent

$$\frac{AK}{AF} = \frac{KH}{FO} \text{ ou } \frac{p}{p-a} = \frac{KH}{FO}. \quad (1)$$

Les bissectrices de deux angles adjacents supplémentaires formant toujours un angle droit, les triangles FOC, HCK ont les côtés perpendiculaires et sont semblables ; donc on a

$$\frac{FO}{CK} = \frac{FC}{KH} \text{ ou } \frac{FO}{p-b} = \frac{p-c}{KH}. \quad (2)$$

Multipliant les égalités (1) et (2) membre à membre, il vient, après réduction,

$$\frac{p \times FO}{(p-a)(p-b)} = \frac{p-c}{FO}.$$

d'où l'on tire $p \times \overline{FO}^2 = (p-a)(p-b)(p-c)$.

Cette dernière égalité multipliée par p fournit enfin

$$p^2 \times \overline{FO}^2 = p(p = a)(p-b)(p-c),$$

dont la racine carrée est

$$p \times FO = \sqrt{p(p-a)(p-b)p-c)},$$

c'est-à-dire la surface S.

Application. — Si, dans le triangle, on suppose $a = 6^m$, $b = 11^m$, $c = 7^m$, on aura, pour le périmètre, $6 + 11 + 7 = 24$, et pour le demi-périmètre, 12; alors la formule donnera

$$S = \sqrt{12(12 - 6)(12 - 11)(12 - 7)},$$

ou $$S = \sqrt{12 \times 6 \times 1 \times 5} = \sqrt{360} = 18^{mc},97.$$

50. 2e SOLUTION. — Soient a, b, c les côtés BC, CA, AB du triangle ABC et h la hauteur. L'aire de ce triangle égalant $\frac{AC}{2} \times BG$ ou $\frac{b}{2} \times h$, on voit qu'il s'agit de déterminer h, et pour cela, de trouver la valeur de l'un (CG) des segments de la base AC.

On sait que $\overline{AB}^2 = \overline{AC}^2 + \overline{BC}^2 - 2\,AC \times CG$,[1]

ou $$c^2 = b^2 + a^2 - 2\,b \times CG.$$

On déduit de là $CG = \dfrac{b^2 + a^2 - c^2}{2b}$.

---

[1] *Car le carré du côté d'un triangle opposé à un angle aigu égale la somme des carrés des deux autres côtés du triangle, diminuée du double produit de l'un de ces côtés par la projection de l'autre côté.*

Démonstration. — Le triangle ABG étant rectangle, on a

$$\overline{AB}^2 = \overline{BG}^2 + \overline{AG}^2 \ldots\ldots \quad (1)$$

Mais $AG = AC - GC$; donc, d'après la loi de composition du carré d'un binôme,

$$\overline{AG}^2 = \overline{AC}^2 + \overline{GC}^2 - 2AC \times GC.$$

Substituant cette valeur à $\overline{AG}^2$, dans l'égalité (1), on trouve

$$\overline{AB}^2 = \overline{BG}^2 + \overline{AC}^2 + \overline{GC}^2 - 2\,AC \times GC \ldots\ldots \quad (2)$$

Remplaçant enfin, dans l'égalité (2), $\overline{BG}^2 + \overline{GC}^2$ par son égal $\overline{BC}^2$, on obtient

$$\overline{AB}^2 = \overline{AC}^2 + \overline{BC}^2 - 2\,AC \times CG.$$

C. Q. F. D.

Dans le triangle rectangle B C G, on connaît l'hypoténuse C B et le côté C G ; par conséquent,

$$\overline{BG}^2 \text{ ou } h^2 = a^2 - \frac{(b^2 + a^2 - c^2)^2}{4\,b^2} = \frac{4\,b^2\,a^2 - (b^2 + a^2 - c^2)^2}{4\,b^2}.$$

Mais le numérateur de la dernière fraction est la différence des carrés du terme $2\,b\,a$ et du polynôme $b^2 + a^2 - c^2$; donc, d'après un principe connu, il égale *la somme de ces quantités multipliée par leur différence* [1],

ou $(b^2 + a^2 + 2\,b\,a - c^2)\,(c^2 - b^2 - a^2 + 2\,b\,a)$ (1)

Or, $b^2 + a^2 + 2\,b\,a = (b + a)^2$; donc le premier facteur du produit (1) revient à $(b^2 + a^2)^2 - c^2$. Comme il représente la différence des carrés de $b + a$ et de c, il équivaut à la somme de ces quantités multipliée par leur différence, c'est-à-dire que

$$(b + a)^2 - c^2 = (b + a + c)\,(b + a - c).$$

---

[1] Pour nous convaincre que $2\,b\,a + (b^2 + a^2 - c^2)$, *somme des termes* $2\,b\,a$ et $b^2 + a^2 - c^2$, multiplié par $2\,b\,a - (b^2 + a^2 - c^2)$, *différence des mêmes termes*, donne pour produit $4\,b^2\,a^2 - (b^2 + a^2 - c^2)^2$, effectuons la multiplication algébrique.

Multiplicande.	$2\,b\,a + (b^2 + a^2 - c^2)$
Multiplicateur.	$2\,b\,a - (b^2 + a^2 - c^2)$
	$4\,b^2\,a^2 + 2\,b\,a\,(b^2 + a^2 - c^2)$
	$- 2\,b\,a\,(b^2 + a^2 - c^2) - (b^2 + a^2 - c^2)^2$
Produit.	$4\,b^2\,a^2 - (b^2 + a^2 - c^2)^2$.

Les termes $+ 2\,b\,a\,(b^2 + a^2 - c^2)$ et $- 2\,b\,a\,(b^2 + a^2 - c^2)$ se détruisant, on voit que

$$4\,b^2\,a^2 - (b^2 + a^2 - c^2)^2 = (2\,b\,a + b^2 + a^2 - c^2) \times (2\,b\,a - b^2 - a^2 + c^2)$$
$$= (b^2 + a^2 + 2\,b\,a - c^2) \times (c^2 - b^2 - a^2 + 2\,b\,a).$$

C. Q. F. D.

Le second facteur $(c^2 - b^2 - a^2 + 2\,b\,a)$ étant égal à $c^2 - (b - a)^2$, peut, d'après le même principe, se traduire par

$$(c + b - a)\,(c - b + a) = (c + b - a)\,(c + a - b).$$

D'après ces transformations, le produit (1) devient

$$(b + a + c)\,(b + a - c)\,(c + b - a)\,(c + a - b),$$

de sorte que

$$h^2 = \frac{(b + a + c)\,(b + a - c)\,(c + b - a)\,(c + a - b)}{4\,b^2} \qquad (2)$$

Posons $\dfrac{b + a + c}{2} = p$; on en conclut

$$b + a + c = 2\,p,$$
$$b + a - c = 2\,(p - c),$$
$$c + b - a = 2\,(p - a),$$
$$c + a - b = 2\,(p - b).$$

Portant ces valeurs dans l'équation (2), on trouve successivement

$$h^2 = \frac{2\,p \times 2\,(p - a) \times 2\,(p - b) \times 2\,(p - c)}{4\,b^2}$$

$$= \frac{16\,p\,(p - a)\,(p - b)\,(p - c)}{4\,b^2}$$

$$= \frac{4\,p\,(p - a)\,(p - b)\,(p - c)}{b^2};$$

d'où résulte $h = \dfrac{2\sqrt{p\,(p - a)\,(p - b)\,(p - c)}}{b}$.

Multipliant enfin cette égalité par $\frac{b}{2}$, moitié de la base, on a, pour la surface S du triangle,

$$S = \sqrt{p(p-a)(p-b)(p-c)}.$$

C. Q. F. D.

§ II. — Des Experts-Géomètres et de l'Arpentage.

On nomme *experts-géomètres* ou *arpenteurs* les personnes qui exercent l'art de l'arpentage. — Leurs fonctions sont *libres*, car la loi ne reconnaît en eux que des *experts*. En conséquence, chacun peut être arpenteur.

Les experts-géomètres sont rangés, par la loi du 25 avril 1844 sur les patentes, dans la 7e classe des patentables, et imposés à : 1° un droit fixe basé sur le chiffre de la population de la ville ou de la commune où ils résident; 2° un droit proportionnel du 40e de la valeur locative de la maison d'habitation et des locaux servant à l'exercice de la profession.

Les experts-géomètres ne peuvent se servir, dans leurs opérations, que des nouvelles mesures établies pour toute la France, et non des mesures anciennes usitées dans chaque localité.—Merlin, *Rép.*, V. *Arpentage.*

L'arpenteur répond de ses fautes ou de son ignorance. — En cas de dol, il est passible de dommages et intérêts. — Perrin, *C. des construct. et de la contiguïté*, n° 827.

L'arpentage peut être provoqué par tous ceux qui ont un droit réel sur les fonds, tels que, usufruitiers, emphytéotes, etc. ; mais l'arpentage fait par eux ou contre eux ne lie pas le propriétaire. — Perrin, *ibid.*, n° 822.

Les demandes en arpentage entre particuliers sont purement civiles ; la loi du 25 mai 1838 ne s'en occupe point; cependant nous pensons que, de même que celles en bornage, elles doivent être portées devant le juge de paix.

L'arpentage ne peut être opposé au voisin qui n'y a point assisté. — Chaque partie remet ses titres à l'arpenteur, qui les applique au terrain. — FOURNEL, *Tr. du voisinage*, V. *Arpentage*, p. 322.

§ III. — Fonction et devoirs des Experts.

Les *experts* ne sont que des *donneurs d'avis*, nommés volontairement par les parties intéressées, ou d'office par le juge, pour fournir les renseignements dont on a besoin lors de la décision d'un litige.

L'opération à laquelle ils se livrent porte le nom d'*expertise*, et l'acte qui constate cette opération se nomme *rapport*.

Les juges ne sont pas astreints à suivre l'avis des experts si leur conviction s'y oppose. — *C. de procédure civ.*, art. 323.

Lorsque les experts ne sont point désignés par les parties, le jugement qui les nomme d'office ordonne qu'elles seront tenues d'en nommer dans les trois jours de la signification, sinon qu'il sera procédé à l'opération par les experts nommés par le jugement.

L'expertise ne peut se faire que par trois experts, à moins que les parties ne consentent qu'il soit procédé par un seul.

La fonction d'expert est libre et nul ne peut être contraint de l'accepter.

« Les experts doivent bien se pénétrer de la mission qui leur a été conférée. Ils doivent saisir l'intention du tribunal et éclairer tous les points sur lesquels on a appelé leur attention. — Ils le doivent dans l'intérêt de la justice et pour éviter des frais aux parties ; car, si leur rapport ne donne pas des lumières satisfaisantes, la justice se voit obligée d'en ordonner un autre, ainsi que l'indique l'art. 322 du Code de procédure. »

Ils doivent cependant se renfermer dans les limites de la mission qui leur est confiée, et qui sont tracées par le jugement.

Après s'être entourés de tous les documents qui doivent les éclairer, ils peuvent aussi entendre des témoins, *à titre de renseignements*, si le jugement les y autorise.

On ne peut se pourvoir par appel contre le mode de procéder des experts : on doit se borner à de simples réserves. — *Aix*, 24 janvier 1832.

Les parties peuvent faire aux experts tels dires et réquisitions qu'elles jugent convenables. Mais les experts ne sont pas tenus d'y déférer ; ils peuvent se borner à les mentionner dans le procès-verbal. — PIGEAU, CARRÉ.

Leur rapport peut être rédigé un jour férié. — C'est à tort qu'on voudrait les assimiler à des juges. — CARRÉ, — FAVARD.

D'après l'art. 317 du Code de procédure, le rapport des experts doit être écrit sur les lieux contentieux, ou dans le lieu et aux jour et heure qui seront indiqués par les experts. — Néanmoins, le rapport n'est pas nul pour avoir été rédigé en dehors des lieux contentieux, et le défaut d'indication du lieu et de l'heure où le rapport a été fait n'est pas non plus une cause de nullité.

Il n'est point indispensable que les parties soient présentes lors de la rédaction, car les experts ont dû, avant d'y procéder, s'entourer de tous les renseignements nécessaires. — On doit cependant mettre les parties à même d'assister aux opérations matérielles de l'expertise.

Le rapport doit être écrit par un des experts et signé par tous ; lorsque l'un ou plusieurs d'entre eux ne savent pas écrire, la rédaction est confiée au greffier de la justice de paix du lieu où l'on a procédé ; dans ce cas, le greffier signe le rapport.

Si un des experts, quoique sachant écrire, refuse de signer, les autres n'ont pas besoin de s'adresser au greffier du juge de paix : il leur suffit de faire mention du refus de leur co-expert, et le rapport obtient alors la même foi que s'il était signé par tous. (*Analogie de l'art. 1016 du C. de proc.*).

Les experts ne peuvent dresser qu'un rapport, et former un seul avis à la pluralité des voix : en cas d'avis différents, les motifs des divers avis seront indiqués sans qu'on fasse connaître quel a été l'avis personnel de chaque expert.

La minute du rapport doit être déposée au greffe du tribunal qui a ordonné l'expertise.

FORMULE

DE RAPPORT D'EXPERTS.

A messieurs les président et juges du tribunal de première instance de...

L'an mil huit cent le heure de nous, Joseph Triplet, fabricant de bas, demeurant à Linzeux; Amédée Attagnant, cultivateur, demeurant à Blangermont, et Joseph Roussel, cultivateur, demeurant à Linzeux, experts convenus par les parties, en exécution d'un jugement contradictoire rendu le , entre le sieur Prosper D propriétaire, demeurant à et Vincent C , aussi propriétaire, demeurant à , à l'effet de procéder aux visites et opérations désignées ci-bas, et après avoir prêté serment de bien et fidèlement remplir notre mission, ainsi qu'il résulte du procès-verbal dressé par M. N , commissaire pour ladite expertise, en date du , nous nous sommes transportés sur (*Indiquer les lieux et communes*), où étant arrivés à six heures du matin, nous avons trouvé ledit sieur Prosper D assisté de Me L , son avoué, lequel, après nous avoir remis la grosse dudit jugement, enregistré et signifié à Me R , avoué du sieur Vincent C , ensemble l'original de la sommation faite audit sieur C , le , par acte d'avoué, de se trouver aux lieux et heure ci-dessus désignés, nous a requis de procéder aux opérations ordonnées par ledit jugement, et a signé avec Me R son avoué.

Est aussi comparu ledit Vincent C. , qui, assisté de Me R , son avoué, nous a dit qu'il comparaissait pour satisfaire à ladite sommation et n'empêchait pas que nous procédassions auxdites opérations, et ont lesdits sieurs C et son avoué, signé (*Ici on transcrit les déclarations ou les réquisitions que peuvent faire les parties*).

Desquels comparutions, remises, dires, réquisition et consentement, nous avons donné acte aux parties; en conséquence, avons procédé à la visite, etc... conformément audit jugement, en présence des parties et de leurs avoués, et rédigé notre rapport, lequel a été écrit par l'un de nous, ainsi qu'il suit : (*Constater ici la vérification et toutes les opérations nécessaires pour établir la vérité d'icelles*).

S'il est nécessaire de remettre à une autre vacation, on rédige ainsi cette partie du rapport : et après avoir vaqué à tout ce qui vient d'être énoncé, jusqu'à l'heure de , nous avons, pour continuer nos opérations, remis à (*jour et heure*) auxquels les parties seront tenues de se trouver, sans nouvelle sommation, et ont les parties et leurs avoués signé avec nous. (*Si la présence des parties n'est pas nécessaire on l'indique.*)

Et lesdits an, jour et heure, nous, experts, ci-dessus nommés, étant réunis à , en l'absence des parties et de leurs avoués, après avoir conféré entre nous sur (*l'objet de l'expertise, les questions qu'elle présente*, etc.), avons été unanimement d'avis de ce qui suit : (*L'avis unanime doit être motivé sur ces différents points.*)

Si les deux experts ont été du même avis, et le troisième d'un autre avis, au lieu de : avons été unanimement d'avis , *on met* : avons été d'avis, à la pluralité, de ce qui suit :

Si chaque expert a émis un avis, on met : il a été proposé trois avis ainsi qu'il suit : — le premier avis a été ; — le second avis a été ; — le troisième avis a été .

On termine en ces termes : Après avoir vaqué depuis l'heure de jusqu'à nous avons clos et signé le procès-verbal, les an, mois et jour susdits.

(Signatures.)

Nota. — Cette formule, qui est en partie extraite du *Conseiller des Familles*, ouvrage éminemment recommandable, peut recevoir toutes les modifications résultant de l'objet même de l'expertise ou de l'absence des intéressés.

§ IV. — Bornes, Bornage.

On appelle *bornes*, *devises*, *mères*, *marques*, *termes*, etc., les signes qui servent à séparer un héritage d'un autre héritage. — Les bornes sont *mobiles* ou *immobiles* : *mobiles*, quand elles peuvent être déplacées, comme une pierre ; *immobiles*, quand elles ne sont pas susceptibles d'un déplacement, comme un buisson, un arbre.

Le déplacement des bornes mobiles étant facile, on a soin, dans la pratique, de les placer au-dessus d'une substance de nature à se conserver pendant longtemps sans se corrompre, de manière à leur donner un caractère d'authenticité et de durée qu'elles n'ont pas par elle-mêmes. Cette substance varie suivant les usages et les localités : ce sont tantôt des tuiles, du charbon, des métaux, des pierres cassées ou même des tessons de bouteille. On appelle aujourd'hui ces signes *garants* ou *témoins*. Ils étaient connus autrefois sous les noms de *perdriaux*, *filleules*, *gardes*.

On appelle *bornage* l'action de planter des bornes.

L'obligation de se borner est imposée aux propriétaires voisins pour marquer les limites de leurs héritages respectifs. La loi accorde à cet effet une *action*[1].

---

[1] Par ce mot on entend les moyens légaux accordés aux personnes pour obtenir, conserver ou recouvrer la jouissance de leurs droits.

Les actions civiles ou privées se divisent en trois classes : l'action *personnelle*, l'action *réelle* et l'action *mixte*.

L'action est *personnelle* lorsque nous prétendons que quelqu'un est obligé envers nous par un contrat ou par un délit.

Pour que le bornage puisse être exigé, il faut que les propriétés soient contiguës; il ne suffit point qu'elles soient voisines, c'est-à-dire séparées par un intermédiaire, tel qu'un chemin, une rivière, etc., si peu étendu qu'il soit. — PARDESSUS, *Servitudes*, t. Ier, n° 118.

Mais un propriétaire ne peut se refuser au bornage demandé par son voisin, en se fondant sur ce que les limites de son héritage sont déterminées par des haies vives, des épines de foi ou par des arbres. — *Cassation*, 30 décembre 1818; *Rennes*, 11 juillet 1829.

La demande à fin de bornage peut être intentée par tout possesseur qui se dit propriétaire de l'héritage, sans qu'il faille pour cela qu'il prouve son droit de propriété. L'usufruitier a aussi le même droit, mais il est prudent, pour que l'opération soit définitive, que le propriétaire vienne en cause.

L'action *réelle* est celle qui a pour but d'obtenir en nature soit une chose mobilière, soit un immeuble; dans cette dernière catégorie se trouvent comprises les actions *possessoires* et les actions *pétitoires*.

L'exercice de l'action *possessoire* est fondé sur les dispositions de l'art 2228 du Code Napoléon.— L'action possessoire se prescrit par la privation naturelle de la jouissance de la chose pendant un an.

Les actions *pétitoires* sont celles qui ont pour objet de faire statuer sur la propriété même de l'objet litigieux. Elles sont de la compétence des tribunaux civils. — D'après les art. 25, 26 et 27 du Code de procédure, le possessoire et le pétitoire ne peuvent jamais être cumulés, et le demandeur qui a pris tout d'abord la voie du *pétitoire* n'est plus recevable à agir au *possessoire*.

Les actions *mixtes* sont celles qui participent des *personnelles* et des *réelles*. On en compte trois principales : l'action de bornage entre voisins, l'action de partage d'une succession entre des cohéritiers, et l'action de partage de quelque autre chose que ce soit.

Pour procéder à l'amiable au bornage de deux propriétés, on nomme un ou trois experts entre les mains desquels les parties remettent leurs titres de propriété; à l'aide de ces titres, on procède à l'arpentage des terres contiguës, et ensuite à la reconnaissance des anciennes bornes ou à la plantation de nouvelles.

Il est dressé procès-verbal de cette opération, que les parties, pour plus de sûreté, doivent convertir en acte public et notarié.

Ordinairement le procès-verbal contient : 1° les formalités communes à toutes les visites de lieux faites avec l'expertise ; 2° la décision du juge sur les difficultés matérielles d'exécution; 3° les contenances matérielles selon les jouissances actuelles; 4° les contenances d'après les titres représentés; 5° les pièces de terre qui n'ont pas leur contenance; 6° les reprises ordonnées sur telle ou telle pièce; 7° la contenance de chaque pièce après l'effectuation des reprises; 8° la condamnation aux restitutions au cas où les parties n'y consentent pas; 9° la plantation des bornes; 10° la restitution des fruits, s'il y a lieu de l'ordonner; 11° enfin la condamnation aux dépens. — Millet, p. 367.

Dans la plupart des cas, le procès-verbal n'a pas besoin d'être aussi complet; le suivant pourra donc servir de guide.

L'an mil huit cent cinquante-neuf, le quinze mai,

Nous soussigné, Decouse (*Benoît*), arpenteur-géomètre, domicilié à Linzeux, Pas-de-Calais, déclarons que les sieurs Dupont (*Florent*), cultivateur, et Triplet (*Joseph*), fabricant de bas, demeurant aussi à Linzeux, même département, nous ont requis de faire l'arpentage et le bornage de deux pièces d'héritage à eux appartenant, dans le canton dit le *Long rideau*, bornées au nord par la route de Saint-Pol a Fillièvres, à l'ouest par une pièce de terre appartenant aux héritiers Hérissent, au midi par une terre appartenant audit Dupont, et à l'est par une rampe.

Les parties nous ont remis un acte sous seing privé, en date du dix courant, portant qu'il serait procédé par nous à l'arpentage et au bornage des propriétés susdites, et que chaque parcelle supporterait la diminution de contenance dans la proportion de celle du titre.

En conséquence, nous nous sommes rendu cejourd'hui au lieu dit le *Long rideau*, et, en présence des parties, nous avons reconnu que la terre du sieur Dupont contenait *quarante-trois ares dix-huit centiares*, et celle du sieur Triplet *quarante et un ares dix centiares*. La somme des contenances trouvées étant *quatre-vingt-quatre ares vingt-huit centiares*, tandis que les titres à nous représentés assignent à chaque pièce *quarante-deux ares quatre-vingt-douze centiares*, soit en tout *quatre-vingt-cinq ares quatre-vingt-quatre centiares*, nous avons établi que la pièce du sieur Dupont subirait une diminution de *un are quatre centiares*, et celle du sieur Triplet une augmentation de *un are quatre centiares*, ce qui donne aux codivisionnaires *quarante-deux ares quatorze-centiares*, au lieu de *quarante-deux ares quatre-vingt-douze centiares*.

Ce calcul fait, nous avons planté une borne marquée au plan ci-dessous par la lettre E, les bornes A, B, C, D, F restant intactes.

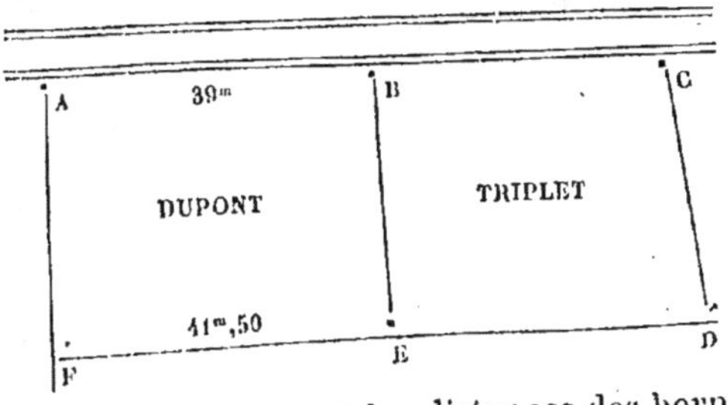

Nous avons ensuite mesuré les distances des bornes B et E

aux bornes A et F, de manière à ce qu'on puisse en retrouver la place si elles disparaissent par une cause quelconque.

La borne B est à 30m de la borne A, et la borne E, à 41m, 50 de la borne F.

Les résultats de notre opération étant ainsi constatés dans le présent acte, nous en avons donné lecture aux parties, qui ont déclaré n'avoir aucune observation à faire et que leur intention était parfaitement remplie.

Fait double pour un seul et même effet, à Litizeux, les jour, mois et an susdits.

J. Triplet.

F. Dupont.

B. Decousu,
Arpenteur-Géomètre.

Les frais de l'action en bornage sont payés en commun, aux termes de l'art. 646 du Code Napoléon. Cette disposition est juste, puisqu'il s'agit de faire jouir chacun des contendants de sa chose et que le bornage les intéresse tous également.

Si le refus d'une partie avait forcé de porter l'action devant le juge, les frais de l'incident devraient retomber à sa charge exclusive, fût-il prouvé, en définitive, qu'elle n'avait pas plus qu'il ne lui revenait. — Pardessus, n° 129; Perrin, n° 923; Toullier, t. 3, n° 180.

§ V. — Partage de succession.

On distingue deux sortes de partages : 1° le *partage amiable;* 2° le *partage judiciaire.*

Le premier résulte de l'accord unanime des parties intéressées qui jouissent de leurs droits civils; le second, de tout dissentiment qui survient entre elles pour une formalité quelconque, ou de l'impossibilité, pour certains héritiers, de pouvoir se présenter ou se faire représenter.

Le cadre restreint de cet ouvrage ne permettant pas de détailler les formalités du partage judiciaire, bornons-nous à citer les articles du Code Napoléon qui régissent cette matière.

Art. 815. Nul ne peut être contraint à demeurer dans l'indivision, et le partage peut toujours être provoqué, nonobstant prohibitions et conventions contraires; alors, art. 824, l'estimation des immeubles est faite par des experts choisis par les parties intéressées, ou, à leur refus, nommés d'office. Le procès-verbal des experts doit présenter les bases de l'estimation; il doit indiquer si l'objet peut être commodément partagé, de quelle manière; fixer enfin, en cas de division, chacune des parts qu'on peut en former et leur valeur.

Art. 832 à 835. Dans la formation et la composition des lots, on doit éviter, autant que possible, de morceler les héritages et de diviser les exploitations, et il convient de faire entrer dans chaque lot, s'il se peut, la même quantité de meubles, d'immeubles, de droits ou de créances de même nature et valeur. L'inégalité des lots en nature se compense par un retour, soit en rente, soit en argent. Les lots, fixés et approuvés par les cohéritiers, sont tirés au sort, et avant de procéder au tirage des lots, chaque copartageant est admis à proposer ses réclamations contre leur formation. Après le partage, on doit remettre à chacune des parties les titres particuliers des objets qui lui sont échus. Les titres d'une propriété divisée restent à celui qui en a eu la plus grande part, à la charge d'en aider ceux des copartageants qui y auront intérêt, lorsqu'il en sera requis. Quant aux titres communs à toute l'hérédité, ils sont remis à celui que tous les héritiers ont choisi pour en être le dépositaire, à la charge d'en aider les copartageants à toute réquisition : s'il y a difficulté sur ce choix, il est réglé par le juge.

§ VI. — Des Servitudes.

D'après l'art. 637 du Code Napoléon, la servitude est une charge imposée sur un héritage pour l'usage et l'utilité d'un héritage appartenant à un autre propriétaire.

La servitude se transmet à tous les possesseurs, soit *activement*, soit *passivement*.

Les servitudes sont *continues* dans le cas où elles s'exercent sans le fait actuel de l'homme (conduits d'eau, égouts, vues, etc.); elles sont *discontinues* lorsqu'elles nécessitent le fait actuel de l'homme (droits de passage, puisage, pacage, etc.), Code Nap., art. 688; elles sont *apparentes* quand elles s'annoncent par des ouvrages extérieurs, tels qu'une porte, une fenêtre, un aqueduc, etc.; elles sont *non apparentes* quand elles n'ont pas de signe extérieur de leur existence, comme la défense de bâtir sur un fonds, ou au delà d'une hauteur déterminée. — C. N., art. 689.

Les servitudes dérivent de la situation naturelle des lieux, ou des obligations imposées par la loi, ou des conventions entre les propriétaires. — Art. 639.

L'usage ne peut donc servir aujourd'hui de base à une servitude; l'art. 7 de la loi du 30 ventose an XII s'est, à cet égard, prononcé d'une manière formelle. — MERLIN, *Rép.*, V. *Voisinage*, § 4, n° 6.

SECTION PREMIERE

Servitudes dérivant de la situation des lieux.

Parmi les servitudes qui *dérivent de la situation des lieux*, on distingue : 1° celles concernant les eaux; 2° celles qui permettent aux propriétaires voisins de se contraindre réciproquement au bornage de leurs propriétés contiguës; 3° celles qui ont pour objet de clore un héritage pour le soustraire à la vaine pâture et au parcours.

ARTICLE PREMIER. — *Eaux.* — La nature elle-même veut que l'eau qui prend naissance dans un fonds ou qui s'y rassemble, soit par la chute des pluies, soit par toute autre cause semblable, ait un écoulement sans lequel ce fonds serait submergé, et cet écoulement ne peut avoir lieu que sur les fonds inférieurs. — PARDESSUS, *Servitudes*, n° 75.

C'est de cette nécessité qu'est sorti l'art. 640, C. N., ainsi conçu : « Les fonds inférieurs sont assujettis envers ceux qui sont plus élevés à recevoir les eaux qui en découlent naturellement sans que la main de l'homme y ait contribué. — Le propriétaire inférieur ne peut point élever de digue qui empêche cet écoulement. — Le propriétaire supérieur ne peut rien faire qui aggrave la servitude du fonds inférieur. »

L'obligation imposée à tout propriétaire inférieur de

recevoir les eaux qui découlent naturellement de l'héritage supérieur ne comprend ni les eaux ménagères ni l'égout des toits, encore que le propriétaire supérieur prétende qu'il reçoit lui-même ces eaux d'un fonds supérieur au sien. — *Colmar*, 5 mai 1819. — *Cassation*, 15 mars 1830.

A l'égard des fonds bâtis, on doit suivre les règles prescrites par l'art. 681 (C. N.), qui ne permet pas de faire écouler les eaux pluviales sur le fonds du voisin.

Art. 2. — *Bornage*. — « Tout propriétaire peut obliger son voisin au bornage de leurs propriétés contiguës. Le bornage se fait à frais communs. » C. N., art. 646. — V. *Bornage*, page 118.

Art. 3. — *Clôture*. — Tout propriétaire a le droit de clore son héritage, en l'environnant de fossés, de claies, de haies vives ou mortes, ou de murs de quelque espèce de matériaux que ce soit. Ce droit est une dépendance du droit de propriété. Toutefois, il souffre une exception : c'est lorsqu'un fonds étranger à l'héritage se trouve enclavé de toutes parts, de telle sorte qu'il n'a par lui-même aucune communication avec la voie publique. Alors celui qui veut se clore ne peut user de ce droit qu'autant qu'il laissera un passage pour l'exploitation du fonds enclavé, moyennant une indemnité proportionnée au dommage qu'il pourrait éprouver.

Autrefois, on punissait très-sévèrement la destruction des clôtures ; mais aujourd'hui, l'art. 456 du Code pénal punit d'un emprisonnement d'un an au plus, et d'une amende de 50 fr. au moins, la destruction totale ou partielle de clôtures.

SECTION DEUXIÈME

Servitudes établies par la loi.

« Les servitudes établies par la loi ont pour objet l'utilité publique ou communale, ou l'utilité des particuliers. » — C. N., art. 649.

ARTICLE PREMIER. — *Servitudes établies dans un intérêt public.* — Les propriétés privées ont été assujetties, dans l'intérêt public, par des lois spéciales, à un certain nombre d'obligations dont voici les principales :

L'art. 7 d'une ordonnance de 1667 déclare que les propriétaires des héritages aboutissant aux rivières navigables, doivent laisser *sept mètres soixante-dix-neuf centimètres* pour largeur du *chemin de halage* (duquel ils conservent le fonds), sans qu'ils puissent planter d'arbres, ni tenir clôture ou haie plus près que *neuf mètres soixante-quatorze centimètres* du côté où les bateaux se tirent, et *trois mètres vingt-quatre centimètres* de l'autre bord.

Les propriétaires riverains des routes peuvent être obligés de planter des arbres le long des routes à la distance d'un mètre du bord extérieur des fossés. — *Cons. d'État*, 16 décembre 1811.

Ils sont aussi obligés, aux termes de l'art 150 de la loi du 21 mai 1827, de souffrir l'avancement des branches des arbres des lisières des forêts, lorsque ces arbres ont plus de 30 ans.

ART. 2. — *Servitudes établies dans l'intérêt des particuliers.*

— « La loi assujettit les propriétaires à différentes obligations l'un à l'égard de l'autre, indépendamment de toute convention. » — C. N., art. 651.

Celles réglées par le Code Napoléon sont relatives aux murs et aux fossés mitoyens; au cas où il y a lieu à contremur, aux vues sur la propriété du voisin, à l'égout des toits, au droit de passage.—C. N., art. 652.—Il faut ajouter à cette nomenclature les distances à observer dans la plantation des arbres, et la servitude dite *tour d'échelle*.

Égout des toits. — « Tout propriétaire doit établir ses toits de manière que les eaux pluviales s'écoulent sur son terrain ou sur la voie publique; il ne peut les faire verser sur le fonds de son voisin. » — C. N., art. 681.

On doit donc laisser, pour la chute des eaux pluviales, un espace dont la largeur est déterminée par les usages locaux, et qui est ordinairement fixée à $0^{m},97$ de la ligne séparative. Cet espace appartient à celui qui l'a laissé.

Fossé. — Le fossé creusé entre deux propriétés est présumé mitoyen s'il n'y a titre ou marque du contraire. — Cette marque existe lorsque la levée ou le rejet de la terre se trouve d'un côté seulement du fossé, et elle sera assez puissante en justice pour faire présumer que le fossé appartient exclusivement à celui du côté duquel le rejet se trouve.

Celui auquel appartient un fossé creusé sur la limite de deux héritages doit, jusqu'à preuve du contraire, être présumé propriétaire, au delà du bord extérieur, d'un pied (*trente-trois centimètres*) de terrain. — *Dijon*,

22 juillet 1836. — Solon, *Traité des servitudes réelles*, n°s 192 et 267.

Celui à qui appartiennent des arbres placés sur la limite d'un héritage, est censé propriétaire de tout le terrain nécessaire à leur végétation; par conséquent, le propriétaire voisin ne peut faire des fossés dans cette étendue. — *Bourges*, 28 mars 1831.

Murs. — Dans les villes et les campagnes, tout mur servant de séparation entre bâtiments ou entre cours et jardins, est présumé mitoyen s'il n'y a titre ou marque du contraire. — Il y a marque de non-mitoyenneté lorsque la sommité du mur est droite et à plomb de son parement d'un côté, et présente de l'autre un plan incliné. Dans ce cas, il est censé appartenir exclusivement au propriétaire du côté duquel l'égout se trouve.

La réparation et la reconstruction d'un mur mitoyen sont à la charge de tous les copropriétaires et proportionnellement au droit de chacun; mais on peut se dispenser d'y contribuer en renonçant à la mitoyenneté.

Tout copropriétaire a le droit de faire exhausser le mur mitoyen; mais il doit payer seul la dépense de l'exhaussement, les réparations d'entretien au-dessus de la hauteur de la clôture commune, et, en outre, l'indemnité de la surcharge. — Si le mur mitoyen ne peut supporter l'exhaussement, celui qui veut l'exhausser doit le faire reconstruire en entier à ses frais, et l'excédant d'épaisseur du mur doit se prendre de son côté.

Passage sur le fonds d'autrui. — « Le propriétaire dont

les fonds sont enclavés et qui n'a aucune issue sur la voie publique, peut réclamer un passage sur les fonds de ses voisins, pour l'exploitation de son héritage, à la charge d'une indemnité proportionnée au dommage qu'il peut occasionner. » — C. N., art. 682.

La servitude de passage en faveur de celui dont le fonds est enclavé peut s'acquérir par la prescription de *trente ans*.

Plantation des arbres. — Les arbres, soit par l'ombre qu'ils projettent, soit par les racines qu'ils étendent, nuisent au sol qui les environne. Il était donc naturel que la loi déterminât les conditions que chaque propriétaire est tenu de respecter dans les plantations qu'il veut faire auprès des héritages voisins.

L'art. 671, Code Napoléon, pose comme règle première en cette matière qu'il n'est permis de planter des arbres de haute tige qu'à la distance prescrite par les règlements particuliers actuellement existants, ou par les usages constants et reconnus.

« A défaut de règlement et d'usages, il n'est permis de planter qu'à la distance de *deux mètres* de la ligne séparative des deux héritages pour les arbres à haute tige, et à la distance d'un *demi-mètre* pour les autres arbres et haies vives. » — C. N., art. 671.

Le voisin peut exiger que les arbres plantés à une distance moindre que celle fixée par l'usage des lieux, ou, à défaut d'usage, par l'art. 671, même Code, soient abattus.

Un propriétaire peut acquérir par la possession de trente ans le droit de conserver sur son fonds des arbres à haute tige plantés à une distance de l'héritage voisin moindre que celle fixée par la loi ou l'usage et les règlements. — *Cassation*, 9 juin 1825.

« Celui sur la propriété duquel avancent les branches des arbres du voisin peut contraindre celui-ci à couper ces branches. Si ce sont les racines qui avancent sur son héritage, il a droit de les y couper lui-même. » — C. N., art. 672.

Le droit acquis, au moyen de la prescription, de conserver des arbres à une distance moindre que la distance légale, ne met pas obstacle à ce que le voisin puisse user de la faculté accordée par l'art. précédent. — *Limoges*, 2 avril 1846 ; SOLON, *Traité des S.*, n° 224.

Les arbres qui sont dans la haie mitoyenne sont mitoyens comme la haie, et chacun des deux propriétaires a le droit de requérir qu'ils soient abattus. — C. N., art. 673.

Tour d'échelle. — Ce droit, qui était considéré autrefois comme servitude légale, n'a point été consacré par le Code Napoléon, resté muet à son égard ; cependant la doctrine et la jurisprudence semblent s'accorder pour reconnaître encore aujourd'hui l'existence, sinon de la servitude légale du tour d'échelle, du moins du droit de passer, dans certains cas et moyennant certaines conditions, sur le terrain contigu aux constructions, pour les réparer.

Mais on ne pourrait pas réclamer le passage comme nécessaire, si les réparations à la couverture de la maison pouvaient se faire au moyen d'échelles volantes. — *Caen*, 8 juillet 1826.

Vues. — Les ouvertures pratiquées par un propriétaire dans son mur ont pour objet ou de permettre de voir ce qui se passe de l'autre côté du mur, ou simplement de procurer du jour à l'appartement dans lequel elles sont faites. Dans le premier cas, il s'agit plutôt, à proprement parler, de *vues*, et dans le second de *jours*; et c'est sous ce rapport que l'on distingue la servitude de vue de la servitude de jour.

« L'un des voisins ne peut, sans le consentement de l'autre, pratiquer dans le mur mitoyen aucune fenêtre ou ouverture de quelque manière que ce soit, même à verre dormant. » C. N., art. 675. — Ceci est la conséquence de ce principe, qu'aucun des copropriétaires d'une chose indivise n'en peut faire un usage nuisible à ses copropriétaires.

Mais un propriétaire peut, en se conformant aux art. 676 et 677, pratiquer des ouvertures dans la partie du mur mitoyen qu'il a exhaussée à ses frais et qui lui appartient exclusivement. — PARDESSUS, n° 211.

Le propriétaire d'un mur non mitoyen joignant immédiatement l'héritage d'autrui, peut pratiquer dans ce mur des jours ou fenêtres à fer maillé et à verre dormant. Ces fenêtres doivent être garnies d'un treillis de fer dont les mailles auront un décimètre d'ouverture au plus et d'un châssis à verre dormant. — Art. 676.

Ces jours ou fenêtres ne peuvent être établis qu'à 26 décimètres au-dessus du plancher ou sol de la chambre qu'on veut éclairer, si c'est au rez-de-chaussée, et à 19 décimètres pour les étages supérieurs. — C. N., art. 677.

Quand il n'y a pas une distance de *deux mètres* entre le mur où l'on pratique un jour et l'héritage voisin, la fenêtre doit être établie à verre dormant et à fer maillé et à la hauteur déterminée par l'art. 667. — Le Code Napoléon régit sans effet rétroactif les jours percés depuis sa promulgation, lors même que la maison que ces jours doivent éclairer a été construite avant la promulgation du Code.

FIN

TABLE DES MATIÈRES

INTRODUCTION.

CHAPITRE PREMIER.

DIVISION DES TRIANGLES.

CHAPITRE II.

DIVISION DES QUADRILATÈRES.

§ I. — *Division du parallélogramme, du carré et du rectangle.*

§ II. — *Division du trapèze.*

§ III. — *Division des quadrilatères proprement dits.*

CHAPITRE III.

DIVISION DES POLYGONES IRRÉGULIERS.

APPENDICE.

FIN DE LA TABLE.

Paris. — Imp. de Édouard Blot, rue Saint-Louis, 46, au Marais.

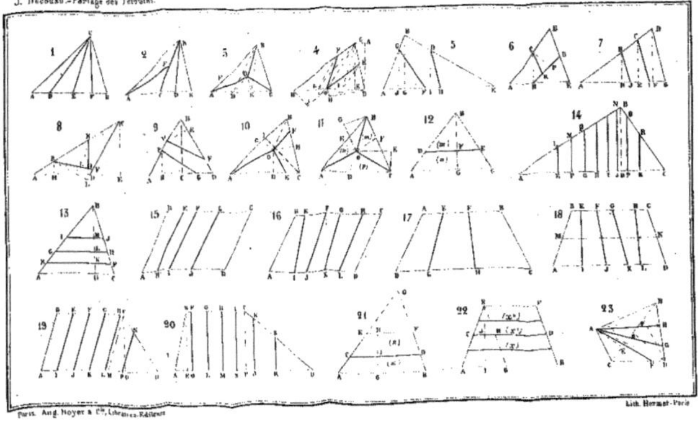

Paris. Aug. Noyer & Cie, Libraires-Éditeurs
Lith. Hermet-Paris

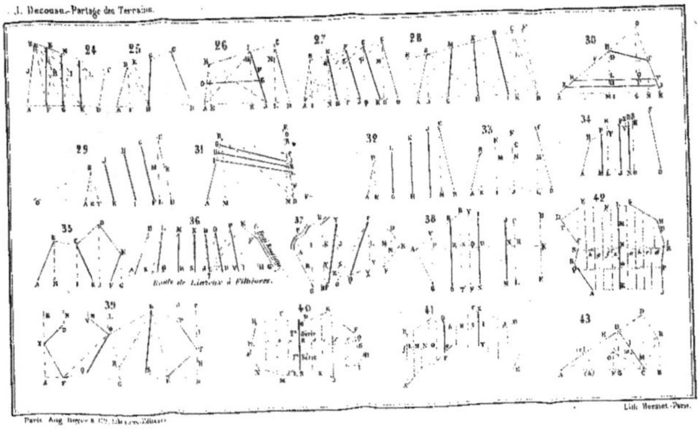

Paris. Aug. Boyer & Cie, Libraires-Éditeurs
Lith. Becquet-Paris.

A LA MÊME LIBRAIRIE

PARIS. — IMPRIMERIE DE ÉD. BLOT ET Ce, RUE SAINT-LOUIS, 46.

www.ingramcontent.com/pod-product-compliance
Lightning Source LLC
Chambersburg PA
CBHW071902200326
41519CB00016B/4484
* 9 7 8 2 0 1 9 5 6 3 7 5 2 *